8

世界上最有效的

种

思考方法

楚淑慧 编著

光明日报出版社

图书在版编目（CIP）数据

世界上最有效的 8 种思考方法 / 楚淑慧编著 . –– 北京：光明日报出版社，
2012.1（2025.1 重印）

ISBN 978–7–5112–1882–7

Ⅰ . ①世… Ⅱ . ①楚… Ⅲ . ①思维方法—通俗读物 Ⅳ . ① B804–49

中国国家版本馆 CIP 数据核字 (2011) 第 225299 号

世界上最有效的 8 种思考方法

SHIJIE SHANG ZUI YOUXIAO DE 8 ZHONG SIKAN FANGFA

编　　著：楚淑慧

责任编辑：李　娟　　　　　　　　　　责任校对：张荣华
封面设计：玥婷设计　　　　　　　　　封面印制：曹　净

出版发行：光明日报出版社
地　　址：北京市西城区永安路 106 号，100050
电　　话：010–63169890（咨询），010–63131930（邮购）
传　　真：010–63131930
网　　址：http://book.gmw.cn
E – mail：gmrbcbs@gmw.cn
法律顾问：北京市兰台律师事务所龚柳方律师

印　　刷：三河市嵩川印刷有限公司
装　　订：三河市嵩川印刷有限公司
本书如有破损、缺页、装订错误，请与本社联系调换，电话：010–63131930

开　　本：170mm×240mm
字　　数：205 千字　　　　　　　　　印　张：15
版　　次：2012 年 1 月第 1 版　　　　印　次：2025 年 1 月第 4 次印刷
书　　号：ISBN 978–7–5112–1882–7

定　　价：49.80 元

前 言

PREFACE

心理学家马克斯韦尔·马尔茨曾说过这样一段话："所有人都是为成功而降临到这个世界上的，但是有的人成功了，有的人没有，那是因为每个人的思考方法不同。" 思考是人生的最大的财富。网易创始人丁磊仅仅用了短短的7年时间，就从一位穷大学生跃升为中国首富。当被问到成功的秘诀时，他坦言说："因为我在大学里学会了思考。"

其实，思考并不是什么难事，可以说，一个正常的人无时无刻不在思考，即使在发呆的时候他也可能在回想一些以前的事，或幻想一些未来的事；即使在梦中他的潜意识也在进行大量的思考，对白天接收到的信息进行整理和过滤。虽然思考是如此普遍的事，但是很少有人关注自己的思考。也许正因为思考太平常了，人们反而对思考方法没有太大的兴趣。

如果检查一下我们固有的思考方式，你就会发现自己的思考方式漏洞百出。比如，可能你习惯在证据不足的情况下做决定，可能你偏重于考虑事情的价值而忽略事情的危险性，可能你遇到问题不会变通，总是钻牛角尖……错误的思考方式形成习惯之后，很难改变，它会让你在工作和生活中遭受重大损失。

在这个思考能力、创新能力越来越重要的时代，有效的思考方法比什么都要实用，它可以让你更好地解决学习、生活、工作中的各种问题，让你的人生更完美。那么，全世界成功的政治家、企业家、管理者、科学家都在用什么强有力的方法分析问题、创新思路、进行决策、解决难题呢？

　　本书介绍了全世界聪明人都在用的8种最佳思考方法：发散思考法、六项思考帽、倒转思考法、转换思考法、图解思考法、灵感思考法、形象思考法和类比思考法。发散思考法能引导你从一个目标出发，沿着各种不同的途径去思考；六项思考帽将帮你充分研究每一种情况和问题，创造超常规的解决方案；倒转思考法将引导你站在事物的对立面进行思考，深入挖掘事物的本质属性；转换思考法有助于引导你用联系的、发展的眼光看问题，避免思维定式；图解思考法能迅速帮你将复杂问题简单化、抽象问题形象化；灵感思考法能帮你深入潜意识，将奇思妙想有效转化为创造性设想；形象思考法将诱发你的想象，激发你的灵感，帮你将抽象问题具体化；类比思考法能引导你在事物比较中进行创新，拓展视野，开拓思路。

　　在介绍各种思考方法的时候，我们穿插了一些生动的小故事作为思考方法的例证，让大家更容易理解如何把这些思考方法应用到实际生活中。此外，在一些章节后面，我们还设置了一些小题目，帮助你检验自己是否掌握了相应的思考方法。

　　全世界成功人士都在用的8种思考方法，教你像聪明人一样思考，让你的思路更广阔，多角度、多层次、多侧面地进行思考，快速找出解决问题的突破口，迈向成功。

目 录
CONTENTS

第一章　成功靠方法   **1**

第一节　成功者都是聪明的思考者   2

第二节　人类最难改变的是思考   5

第三节　真正的成功靠思考不靠运气   9

第四节　正确思考才能正确决策   12

第五节　思考有方法，更有技巧   15

第六节　全世界聪明人都在用的 8 种思考方法   19

第二章　发散性思考法   **23**

第一节　何谓发散性思考   24

第二节　组合发散法   28

第三节　辐射发散法   31

第四节　因果发散法   36

第五节　关系发散法   40

第六节　头脑风暴法   44

第七节　特性发散法　　　　　　　　48

第三章　六顶思考帽思考法　　51

第一节　6 种不同颜色的思考帽　　52
第二节　白色思考帽　　　　　　　57
第三节　红色思考帽　　　　　　　60
第四节　黑色思考帽　　　　　　　63
第五节　黄色思考帽　　　　　　　66
第六节　绿色思考帽　　　　　　　70
第七节　蓝色思考帽　　　　　　　74

第四章　倒转思考法　　77

第一节　什么是倒转思考法　　　　78
第二节　倒转不需要条件　　　　　81
第三节　条件倒转　　　　　　　　83
第四节　作用倒转　　　　　　　　85
第五节　倒转人物　　　　　　　　88
第六节　倒转情景　　　　　　　　90
第七节　方式倒转　　　　　　　　93
第八节　过程倒转　　　　　　　　96
第九节　观点逆向　　　　　　　　98

第五章　转换思考法　　101

第一节　何谓转换思考　　　　　　102

第二节　正面思考和负面思考　106

第三节　视角转换　110

第四节　价值转换　114

第五节　问题转换　117

第六节　原理转换　120

第七节　材料转换　123

第八节　目标转换　125

第六章　图解思考法　　127

第一节　什么是图解思考法　128

第二节　图解的类型　131

第三节　为什么用图解　138

第四节　"读图时代"　142

第五节　如何绘制图解　145

第六节　好的图解，不好的图解　148

第七节　提升图解的说服力　152

第七章　灵感思考法　　155

第一节　灵感的特征　156

第二节　灵感的激发和运用　159

第三节　自发灵感　162

第四节　诱发灵感　165

第五节　触发灵感　167

第六节　逼发灵感　170

第八章　形象思考法　173

第一节　形象思考的作用　174
第二节　想象的创造功能　177
第三节　组合想象　180
第四节　补白填充　183
第五节　删繁就简　186
第六节　取代想象　190
第七节　引导想象　193
第八节　妙用联想　196
第九节　相关联想　199
第十节　飞越联想　202

第九章　类比思考法　205

第一节　类比法的运用　206
第二节　直接类比　209
第三节　间接类比　212
第四节　幻想类比　215
第五节　因果类比　218
第六节　仿生类比　221
第七节　综摄类比　224

附录　"开动你的脑筋"答案　227

第一章

成功靠方法

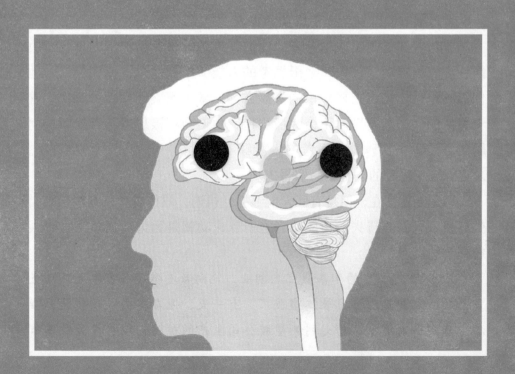

第 一 节

成功者都是聪明的思考者

　　成功者和失败者解决问题时有很大的区别：成功者解决问题时会寻求更好的办法，失败者解决问题时不会尝试新的办法；成功者面对困难时会寻找对策，失败者面对困难时会逃避、退缩；成功者面对挫折时会总结经验教训，失败者面对挫折时只会懊悔、自责。成功者与失败者最根本的区别就在于成功者更善于思考。

　　成功者都是聪明的思考者，他们善用各种思考方法帮助自己解决问题，取得成功。首先，善于思考的人能够把握时机、抓住机会，他们能够审时度势，把握事情的发展方向，做出正确的判断；其次，善于思考的人遇到问题时不会惊慌失措，他们会积极思考，寻找解决问题的方法；再次，善于思考的人能够不断创新，寻找新的解决方法。总之，善于思考的人更容易取得成功。

　　机遇无处不在，但是有些人能够抓住机遇，取得成功，有些人则错失良机，只能等待失败。成功者之所以成功就是因为他抓住了被别人忽视了的机遇。

　　1950 年，22 岁的李嘉诚立志创业，他向亲友借了 5 万港元，加上自己的所有积蓄创办了长江塑胶厂。有一天，他在英文版《塑胶》杂志上看到一则消息：意大利某塑胶公司生产的塑胶花即将投放欧美市场。李嘉诚意识到战后人们的物质生活有很大的提高，塑胶花物美价廉，将有很大的市场，于是决意投产。经过 7 年的发展，长江塑胶厂成为世界上最大的塑胶花生产基地，李嘉诚也赢得了"塑胶花大王"的美誉。随着市场的发展变化，李嘉诚预料到塑胶花的市场已经饱和了，他决定急流勇退，转投生产塑胶玩具。果然两年后塑胶花严重滞销，而长江塑胶厂已经成为香港最大的塑胶玩具出口企业。

20 世纪 60 年代中后期，香港出现金融危机和政治危机。香港的投资者和市民纷纷移民到其他国家，香港的地产价格暴跌，房地产公司纷纷倒闭，整个房地产市场死气沉沉。李嘉诚没有随波逐流，他坚定地看好香港的商业前景，于是做出大胆的决定——大量买入地皮和旧楼。果然，1970 年以后，香港的经济开始复苏，大量当初离开香港的商家纷纷回流，房产价格随之飙升。李嘉诚把当初廉价购入的房产高价抛售，并且购买具有开发潜力的楼宇和地皮。1971 年，李嘉诚创办了长江置业有限公司，成为香港最大的房地产商。1997 年爆发亚洲金融危机，香港房地产公司陷入混乱状态，大肆抛售楼盘。李嘉诚再次低价购买大量房产，两年后房价回升时获得暴利。李嘉诚手上的资金暴增，使他成为名副其实的华人首富。

失败者遇到问题时找不到解决方法而只会坐以待毙，成功者善于思考，遇到问题时能换一个角度，结果能柳暗花明、绝处逢生。解决问题的方法并非只有一种，一条途径走不通，还可以选择其他途径。

成功者不但善于创新，而且善于学习和模仿。模仿并不是照搬，如果跟在别人后面亦步亦趋，是不会有什么收获的。成功者能够结合自己的实际情况，借鉴别人的成功经验。看到别人取得成功之后，他们会思考为什么别人能够取得成功，自己的优势和劣势是什么，用同样的方法是否也能成功。

腾讯 QQ 总裁马化腾最初在深圳的一家公司打工，一次偶然的机会，他接触了以色列人发明的一种聊天工具 ICQ。聪明的马化腾立刻意识到这个东西可以成为"互联网寻呼机"。他在看到 ICQ 潜藏的巨大发展前景的同时，也发现了 ICQ 无法在中国迅速发展——缺少中国版本。于是马化腾找来几个朋友成立了一家公司，模仿 ICQ 开发出中国的在线即时通信工具 OICQ（又称 QQ）。

如果只是简单的模仿，马化腾也不可能取得巨大的成功。当时中国冒出了一大批模仿 ICQ 的即时通信软件，比如 Oicq，OMMO 以及新浪的 UC 等等。但是只有腾讯的 QQ 实现了规模化发展，站稳了脚跟。到 2006 年，QQ 注册用户达到 5.49 亿，活跃用户 2.24 亿，如此庞大的数据中蕴含了巨大的商机。在这个平台上，腾讯可以轻而易举地推广新的创意和业务。经过 8 年多的发展，腾讯已经初步完成面向在线生活产业模式的业务布局，构建了 QQ，QQ.com，QQ 游戏以及拍拍网 4 大网络平台，并且形成了规模巨大的网络社区，市场规模已经达到几百亿。有人将它的发展轨迹与美国的微软相提并论，并称腾讯将会是未来中国互联网的微软。

在追求成功的道路上必然会遇到各种问题，只有善于思考才能把这些问题化解掉。思考方法是成功者手中的利剑，他们能够灵活运用思考方法朝成功的方向努力，披荆斩棘，使问题迎刃而解。

第二节

人类最难改变的是思考

人类的一切活动都离不开思考，无论你是老板还是员工，是会计还是律师，是老师还是售货员，要想完成自己的工作都需要思考。思考可以让你更好地解决工作和生活中的各种问题，让你的生活更完美。

思维能力是人类与生俱来的，虽然每个人都会思考，但是思考的质量不同。毫不夸张地说，思考的质量决定了我们是成功还是失败，是强大还是弱小，是幸福还是不幸。高质量的思考可以保证生活的各个方面都朝着我们期望的方向发展，而不良的思考习惯则会让我们付出巨大的代价。尤其是在求学、求职、创业、结婚这些人生的关键时刻，如果因为不正确的思考方式做出错误的决定，就会造成终生的遗憾。对于那些大企业、大集团来说，思考过程中的一个小小的失误就可能造成亿万元的损失。

思考是看不见摸不着的"幕后"工作，很难引起人们的注意。因此，人们很难意识到自己思考方法的错误，绝大多数人都没有想过要学习思考方法，改变自己以往的思考方法。实际上，我们分析问题的时候思路常常一团糟，只是我们不愿意承认罢了。我们一旦揭开幕布的一角，就会惊讶地发现原来我们在思考过程中存在那么多问题。比如：

在证据不足的情况下做出结论，导致错误的观点产生。

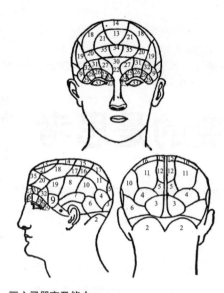

■心灵器官及能力

据施普茨海姆的《颅相学》，1834。

感情的官能		理智的官能
倾向	情操	知觉的
！生存欲	10 谨慎	22 个性
＊饮食欲	11 认可	23 外形
1 破坏性	12 自重	24 大小
2 多情性	13 仁爱	25 重量及抵抗力
3 慈爱性	14 尊敬	26 颜色
4 友情	15 坚决	27 地位
5 乡土情	16 良心	28 次序
6 好斗性	17 希望	29 计算
7 秘密	18 惊异	30 结局
8 贪得	19 理想	31 时间
9 建设性	20 愉快	32 音调
	21 模仿	33 语言
		思考的
		34 比较
		35 因果

先入为主的思维模式。

陈旧的观念、权威的观念、别人的观念影响了我们的思考。

对那些与我们的观点对立的观点不假思索就进行批判。

下意识地隐藏对自己不利的信息。

用毫无根据的理由支持自己的观点。

在概念不清的情况下妄下结论。

受无意识的心理活动影响，做出错误的判断。

总是以消极的态度对别人的观点进行批判。

总是以一成不变的角度来看待周围的事物。

每个人都有一定的思维模式，遇到问题时会在以往的知识和经验的基础上做出判断和决策。以往的知识和经验会给我们提供一些指导，但是也会让我们因此形成思维定式，总是按照固定的模式去分析问题和解决问题，不能开动脑筋思考其他的可能性。思维定式也就是思维的惯性和惰性，有一定的积极意义，但是也会对解决问题造成很大的负面影响。事情是不断变化发展的，如果形成思维定式，总是用过去的眼光看待新问题，就会犯经验主义的错误。

有些人凭着自己曾经的成功经验来经营企业，并相信用同样的方法可以再次取得成功。他们忽略了市场的变化和消费者的变化，用旧的思维对待新的市场无异于刻舟求剑，必然会遭到淘汰。哈磁药业就是一个典型的例子。

1995 年，哈磁集团研制开发出的五行针取得了很大的成功。五行针最初采用现场诊疗的方法进行促销，销售业绩不断上升。后来，哈磁五行针在媒体上投放了大量广告。广告以宣传片的形式在全国卫视的非黄金时段播出，每次播出时间长达 10 ～ 30 分钟，详细地介绍五行针的相关信息，让消费者了解五行针的作用和使用方法。这种广告形式在当时具有独创性，取得了很好的宣传效果，哈磁集团和五行针的知名度得到了极大提高。到 1998 年，五行针的总销售额超过了 10 亿元。

五行针的成功使哈磁人的自信心急剧膨胀。先后推出了补充儿童钙、铁、锌的健儿三宝口服液和康复快等系列保健食品。他们凭借五行针的成功经验，同样利用广告大肆宣传，然后全国招商。虽然广告铺天盖地，但是效果却不尽如人意。有些产品根本没有上市，有些产品上市几个月就销声匿迹了，最终导致了公司的巨额亏损。

哈磁集团在运作过程中靠经验而不是靠创新，最终导致企业缺乏生命力和活力。这说明凭借以往的成功经验，妄图将其泛化到所有领域中是行不通的。

当思考方法与待解决的问题不相适应时，就会使思维陷入困境。思维定式是创造性思维的大敌，必须改变思维定式才能有所突破。改变思维定式，就要打破惯性、打破传统，让大脑广泛接触信息，让思维发散。

乐百氏和娃哈哈都是饮料行业的佼佼者。1997 年，处于发展巅峰状态的乐百氏开始思考新的利润增长点和未来的发展方向。总裁何伯权决定运作碳酸饮料的项目，甚至连产品名字都想好了叫"今日可乐"。众所周知，可口可乐和百事可乐在全球的碳酸饮料市场占有垄断地位，在中国市场也有强势的占有率。乐百氏的决策者们对"今日可乐"这个项目犹豫不决。

后来，何伯权出资1200万元请麦肯锡咨询公司为乐百氏做战略咨询和发展规划。麦肯锡经过一番调查之后，建议乐百氏做中国非碳酸饮料市场的领导者，不要进入碳酸饮料市场。1998年，何伯权没有做任何尝试和研究就彻底放弃了碳酸饮料。就在乐百氏决定放弃碳酸饮料的时候，乐百氏的竞争对手娃哈哈却杀进了碳酸饮料市场，大张旗鼓地推出了"非常可乐"。按照常规的思维方法，无论从品牌、资本、管理，还是从网络、人才等各个角度，娃哈哈的非常可乐似乎都不足与可口可乐和百事可乐抗衡。但是，娃哈哈打破传统的思维方式，避开在大城市中占主导地位的可口可乐和百事可乐，致力于开拓广大的农村市场，并且相应地采取低价格策略。在农村市场，可口可乐和百事可乐的销售还比较弱，非常可乐以低价占领了第一位置，取得了巨大成功。

看着非常可乐的崛起，何伯权曾经对人说，没有着手"今日可乐"是他今生"最懊悔的一件事"。

只有改变思考方式，才能抓住新的成功机遇。只有掌握灵活的思考方法，才能在处理问题时游刃有余、应对自如。要想改变思考方式，要想掌握有效的思考方法，就需要通过练习逐渐形成新的思考习惯。

开动你的脑筋

假设你有一只鸡、一袋粮食和一只猫在河的一岸，你要把它们都带到河对岸，但是船很小，只能容载你和其中的一件事物。同时，不能把鸡和粮食留下，否则鸡会吃掉粮食；也不能把猫和鸡留下，否则猫会把鸡追跑。你怎样用最少的渡河次数把它们都带到河对岸呢？（答案见附录）

第 三 节

真正的成功靠思考不靠运气

　　失败者总是为失败找借口，最常用到的借口就是"运气不好"。其实，真正的成功不是靠运气，而是靠正确的思考。好运气只能获得偶尔的成功，却不能保证长久的成功。如果总是抱着碰运气的心态，而不是积极地思考，寻找成功的方法，那么，你就永远都不能取得真正的成功。

　　有人说自己没成功是因为没遇到好的机会。事实上，他们不是没有遇到好机会，而是没有做好抓住机会的准备。机会只青睐那些有准备的人。善于思考的人、掌握思考方法和思考技巧的人更容易发现机会并抓住机会。

　　2003 年度福布斯中国富豪排行榜发布，网易创始人丁磊以 10.76 亿美元的身价位居榜首。他从一名穷学生到成为中国首富只用了 7 年时间，当被问到成功的秘诀时，他说："因为我在大学里学会了思考。"

　　丁磊觉得书本上的知识不一定要老师教才能学会。第二学期开始，每天的第一节课他都不去上。但是他又不得不做作业，于是他努力思考老师在上一节课讲了哪些内容，传达了哪些信息。在这个过程中，他掌握了非常重要的技巧，那就是思考的技巧。掌握这个技巧之后，他就完全可以自学了。他看书的速度非常快，而且一般从后往前看，遇到不懂的关键词就翻到前面找相关的解释。这样两三个星期就能掌握一门课的内容。

后来，Internet 进入中国之后，丁磊欣喜地发现思考的技巧对他来说是多么重要，因为当时没有一本书能够告诉大家 Internet 是怎么回事儿，里面的软件是什么以及其他相关的问题。很快，丁磊成为中国最早的一批上网用户。

1997 年，丁磊决定创办网易公司。他认为要想实现目标，除了勤奋之外，还要有积极进取和勇于创新的精神。他先做免费的个人主页空间，后来模仿 Hotmail 做免费的电子邮箱。网易很快成为中国最著名的门户网站之一，取得这一成就很重要的原因是它往昔免费服务的回报。1998 年，网易每天有 10 万人的访问量，这为网易赢得了 10 多万美元的广告销售额。

2000 年，网易股票在纳斯达克挂牌。但是时机不佳，当时科技股正在崩盘，网易的股价从第一天就开始节节下滑。2001 年 9 月，网易因财务问题被纳斯达克摘牌。丁磊对外界说，他希望靠在线游戏"西游记"、短信服务、股票点播，以及一个类似 MSN Explorer 的新产品来赢利。2002 年，网易首次实现盈利，并成为纳斯达克表现最优异的股票之一。

2003 年，网易发展为中国概念"明星"，网易创造了网络神话。对此，丁磊说："我已经 32 岁了，从意气风发的时期到了成熟思考的阶段。因此我的心情不会随股价的涨跌而变化，特别是我个人不会因为财富的多少而影响到我的未来生活、工作及思考问题的方式。"

真正有远见的人不会在意一时的得失，他们知道要想成就大事业必须经过风雨的考验。坚持正确的理念、深入的研究和正确的方法，时间一定会给你加倍的回报。

乳品企业的佼佼者蒙牛集团在其成立之初可谓一无所有，既没奶源又没有工厂，有的只是脱胎于伊利的由十几个人组成的团队，而且要面临强大的竞争对手的重重围困。

蒙牛管理层跳出先建工厂后建市场的窠臼，提出先建市场，再建工厂的战略，以"虚拟联合"的方式不断壮大。首先，蒙牛和一家经营管理不善的液态奶公司洽谈，蒙牛有市场没有工厂，这家公司有工厂没有市场，双方一拍即合，蒙牛顺利实现了贴牌生产。其次，蒙牛承包了一家濒临倒闭的冰激凌公司，蒙牛牌的冰激凌顺利上市。

为了扩大大陆市场，蒙牛开始向国际投资机构融资。随着摩根等投资银行的介入和在香港的上市，蒙牛的上市公司运行制度更加健全。摩根等国际投资银行之所以看中蒙牛，不只是因为蒙牛是中国乳业的龙头品牌，更加看中的是蒙牛的经营团队和完善的公司管理制度。

蒙牛的成功绝不是历史的偶然或单纯凭运气而成就的中国乳业史上的神话。可以说蒙牛的每一步发展都是认真思考、精心策划的结果。管理团队的策划、营销和品牌的建立是蒙牛取得成功的关键。

成功的投资者总是通过分析和总结市场的规律，找到战胜市场的方法。投资者完全可以在总结前人经验的基础上，摸索总结出适合自己的投资方法，从而让这些方法引导自己获得成功。

> **开动你的脑筋**
>
> 　　早上6点，一个和尚开始爬山去山顶的寺庙。他在路上多次停下休息，而且有时走得快，有时走得慢，最后，他在晚上到达了山顶。这个和尚在山顶的寺庙里住了一宿。第二天早上6点，他起程下山，同样走上山时的那条路，他也停下来休息很多次，但是下山花费的时间比上山所用的时间要短。
>
> 　　问题是：山腰小路上是否有这样一个点，和尚在第一天上山和第二天下山的同一时刻都要经过这个点？为什么？
>
> （答案见附录）

第四节
正确思考才能正确决策

正确决策是事业成功的关键，决策失误会给我们造成很大的损失。据美国兰德公司统计，世界上破产倒闭的大企业中有 85% 是企业家决策失误导致的。而决策失误往往又是因为没有正确思考，没有做出准确的判断。正确决策有赖于周密的思考，尤其是做出重大决策之前一定要谨慎思考。事事谨慎才能思考透彻，全面地辩证地看待问题才能避免做出错误的判断。

一些人把分析问题的过程和做决策的过程截然分开。他们认为，解决问题关心的是导致问题的原因和解决问题的办法，而做决策则主要关心的是就一个具体的议题做出决断。但是从分析的角度来看，两者之间没有本质的区别。分析问题是做决策的前提，做决策之前必须收集信息从而决定问题的原因和性质，然后考虑解决这一问题的可能的方案，评估选择某一方案或做出某一决策可能出现的结果。

科学的分析决策方法要谨慎严密的逻辑思路，如果不进行仔细的分析，就可能会顾此失彼，不能做出有利于全局的决策。

1993 年，旭日升率先提出的"冰茶"这一概念在全国范围内迅速蔓延。该公司很快便建立了 48 个营销公司和 200 多个销售分公司，形成遍地开花的旭日升营销网络。1998 年，旭日升的销售额达到了 30 亿元，在茶饮料市场中独领风骚。

在成绩面前，旭日升的决策者盲目追求发展速度，不计成本地追求销售额，忽视了对市场的深度开发和品牌的深层管理。有些分公司的经理与经销商达成协议，以最优惠的返利条件换取经销商的回款。在利益的驱动下，部分决策者甚至容许经销商销售过期产品。高层管理者对此漠不关心，对市场环境变化反应迟钝，他们关心的只是回款的多少。

当旭日升整个管理层都在追求高回款率的时候，康师傅、统一等多个大品牌的茶饮料迅速崛起。旭日升很快就退出了市场舞台。旭日升的陨落，一个重要的原因就是其决策者盲目追求规模经济，决策缺乏科学性、民主性和战略性。

遇事要分清事情的轻重缓急，坚持要事优先的原则。如果眉毛胡子一把抓，就会理不清头绪。在混乱的状态下，人们很容易情绪化，不能冷静地思考问题。只有客观冷静地思考问题，才能避免因为主观因素和情绪的影响做出错误的决策。作为决策者一定要保持镇定、理智，制定政策时要有严密的逻辑和程序，这样才可以有效地抑制决策者的情感、情绪对决策判断的影响，从而做出正确的决定。

当初，加藤信三刚刚升任为日本狮王牙刷厂的主管就面临着前任主管遗留下来的产品滞销的巨大压力。上任的第一天，他就接到董事会的决策议案：在3天内制订出一条从生产到销售的全面经营战略。加藤信三认真考虑之后认为制订这样的策略没有多少实际意义，关键要从牙刷的质量上寻找解决问题的办法。经过分析之后，他提出第一个需要完成的任务就是"改造牙刷的造型"。

原来，加藤信三每天早上用公司的牙刷刷牙的时候几乎都会牙龈出血。他准备向技术部门发一通牢骚，但是在通往技术部门的路上，他的脚步渐渐放慢了……加藤信三冷静下来之后，和同事一起想出不少解决牙龈出血的办法，比如改变刷毛的质地，改变牙刷的造型，改变刷毛的排列等。在试验过程中，加藤信三发现牙刷毛的顶端都被切割为锐利的直角。他灵光一闪，想到将直角改成圆角。经过多次试验，加藤信三把这一决策提交给了公司。董事会最终通过了这项决策，并投入资金，把全部牙刷毛的顶端改成圆角。改进后的狮王牌牙刷受到了顾客的广泛欢迎。为公司做出巨大贡献的加藤信三后来成为公司的董事长。

做决策时要权衡利弊、认真筛选。把决策设计得完美周到当然是最好的，但是如果一味地追求完美的决策，就会坐失良机。正确的方法是仔细分析、认真思考，从多个被选方案中选择最佳的方案，尽量降低决策风险。

一个师傅带领3个弟子经过麦田，师傅让他们从中选择最大的麦穗，而且只有一次选择的机会。

大徒弟走进麦田之后很快就发现了一个很大的麦穗，他担心前面再也没有比这个更大的麦穗，就迫不及待地摘了下来。继续前进时，他发现前面的很多麦穗都比他摘的那个大，但是已经没有选择的机会了。他只能无可奈何地走出麦田。

二徒弟走进麦田看到很多的大麦穗，但是总也下不了摘取的决心。他觉得前面也许还有更大的，结果他走到了麦田的尽头才发现已经错过机会了，只能在麦田尽头摘了一个较大的麦穗。

三徒弟先把麦田分为3块，走过第一块的时候观察麦穗的长势、大小和分布规律，在经过中间那块麦田时他更专注于比较麦穗的大小，选择了一个最大的麦穗，然后出了麦田。经过观察和比较，他摘的麦穗未必是麦田中最大的，但是和最大的麦穗也相差无几。并且他既没有为错过前面的麦穗而悔恨，也没有为没摘取后面的麦穗而遗憾，他的选择是最明智的。

做决策时要谨慎小心，还要做最坏的打算。美国著名管理学家康拉德·特里普说："人们都说我是主动进攻型的经营者，但是恰恰在决策上我小心谨慎、十分保守。在做一项生意的时候，我永远先做最坏的打算。"

思考有方法，更有技巧

面对同一个问题，有的人很快就能想到解决办法，有的人却一筹莫展、陷入僵局。之所以有这种差别，是因为前者掌握了思考的方法和技巧，头脑更加灵活。要想成为一个高效的思考者，必须掌握思考的技巧。掌握多种思考的技巧，才能更快地找到更多的解决问题的方法。

所有思维技巧中最重要也最常用的一种就是发散思维，即打开思路，寻找多种解决问题的途径。发扬创新精神，走别人没走过的路，更有可能取得成功。因此，思考问题时不要被现有的条件局限住。如果摆在面前的两条路都不是你想要的，那么你可以开动脑筋选择第三条路。

美国经济大萧条的时候，曼莎好不容易找到了一份珠宝店销售员的工作。圣诞节的前一天，店里来了一位 30 岁左右的男子。他看起来穷困潦倒，但是曼莎依旧热情地接待他。这位男子说："你不用理我，我只是来看看。"

曼莎去接电话的时候不小心把一个装有 6 枚金戒指的盘子打翻了。她慌忙去捡，却只捡回了 5 枚。她抬起头时看到那位男子正朝门口走去，她意识到第 6 枚戒指在哪儿了。她赶紧叫住那位男子："抱歉，先生，请等一下。"男子回过头说："什么事？"

曼莎非常紧张，她脑子飞快地转着，如果他不承认怎么办，如果……片刻，她鼓足勇气说："先生，这是我的第一份工作，您也知道，现在找个事儿很不容易，是不是？"男子注视着她，脸上浮现了一丝微笑，曼莎也慢慢平静下来。他回答："的确如此，但是我知道你会在这里干得不错的。"停了一下，他向前一步把手伸给她并说："祝你圣诞快乐！"握手之后，曼莎的手里多了1枚戒指。

曼莎当时面临两个选择，要么忍气吞声，那样会给自己和珠宝店带来损失；要么叫保安把他抓起来，那样会给这个男子造成打击，他只不过是想送给妻子一个漂亮的圣诞礼物。聪明的曼莎选择了第三种办法，唤起了男子的良知，获得了男子的同情，既保护了自己的利益，又没有伤害到对方。

思考问题的另一个重要技巧是将问题巧妙转换。有些问题用直接的方式去解决难度很大，甚至解决不了。如果将问题转换一下，看似困难的问题就变得容易多了。转换的内容包括问题的主体、类型、对象、焦点等等。问题转换是一种曲线解决问题的方式，转换的过程可以表述为：A问题实际上是B问题，要解决A问题，就是要解决B问题。

一家建筑设计院为某单位设计了几栋办公大楼。办公大楼盖好并投入使用之后，该单位发现各楼之间的连接路线不科学。由于各楼之间的员工往来频繁，在路上会耽误很多时间。于是单位要求设计院在各楼之间设计出最科学最节省时间的人行道。

根据这一要求，设计师们提出了很多方案，但都被否定了。正当大家一筹莫展的时候，一个设计师说："让行人自己决定吧！人们为了赶时间会选择最近的路，人们走的最多的路线一定是最便捷的路线。现在正值春天，我们在楼群的主要路线上种上草，人们走路时会在草地上留下明显的痕迹。根据痕迹设计的路线，一定是最方便最省时间的。"

众人拍手叫绝，这一方案立即被采用了。建筑设计院根据草地上的痕迹铺设的人行道果然很受欢迎。

聪明的设计师将问题主体进行了转换，铺设人行道本来是设计师的问题，经过转换就变成了行人的问题。行人自己的选择更能满足行人的需求。

任何问题都有一个关键点，这个关键点是矛盾的汇集处，只要找到这个关键点就能"牵一发而动全身"。解决了关键问题，其他问题就迎刃而解了。

1933年3月4日，罗斯福宣誓就任美国第32任总统。当时正处于美国涉及范围最广的经济大萧条时期。美国银行出现了遍及全国的挤兑风波。几乎所有银行都被卷入挤兑风波中，不能正常营业。很多支票都无法兑现，人们对银行丧失了信心。一旦对银行丧失信心，挤兑就更加厉害，形成了恶性循环。严重的挤兑风波逼得银行喘不过气来。

针对这一问题，罗斯福上任第三天就发布了一条惊人的决定：全国银行休假3天。也就是说银行可以中止支付3天，从而为进行各种内部调整赢得了充分的时间。休假3天后，全美国银行总数3/4的13500家银行恢复了正常营业。银行系统的恢复带动了整个金融市场的复苏，交易所重新开始交易，纽约股票的价格上涨了15%。

罗斯福的这一决断起到了立竿见影的效果，不仅避免了银行系统的整体瘫痪，而且带动了经济的整体复苏。抓住了银行的问题，就抓住了整个经济中最关键的问题。银行的问题解决了，人们就对金融恢复了信心。此后，罗斯福采取一系列措施进行调控，很快就解决了经济危机中所遇到的各种问题。

思考问题时要掌握得失的辩证法，要有大智慧，不要耍小聪明。有些人自认为很聪明，但是聪明反被聪明误，他们恰恰是被自己的聪明打败的。为了贪图小利而耍小聪明，最终会因小失大。有一句话叫"巧诈不如拙诚"，有时看似最笨的方法反而是最有效的。

鲁宗道是宋真宗的大臣。有一次，宋真宗有急事，派使者召见他。使者到了他家，发现他去外面喝酒了，等了好一会儿才回来。使者急着向皇上回话，于是和鲁宗道商量："如果皇上怪罪您来迟了，我该假托什么事来回答呢?"鲁宗道说:"就以饮酒的实情相告吧。"使者说:"这样皇上会降罪的。"鲁宗道回答:"饮酒是人之常情,欺君则是为臣的大罪。"使者回去后如实禀告了宋真宗。

过了一会儿,鲁宗道才来,宋真宗责备他说:"你私入酒家,是什么缘故呢?"鲁宗道回答说:"臣家里贫困,没有酒器,正好有乡亲远道而来,我请他去酒家吃酒了。我去时换了便服,市人没有认识我的。"宋真宗虽然批评了他,但是认为他为人坦荡、诚实可靠,从此更加器重他了。

思考技巧有很多,但是在运用技巧的时候要遵循基本的原则,否则就会弄巧成拙。前任微软全球副总裁李开复先生对年轻人追求成功提出了不少好的见解,比如坚持诚信、正直的原则。要把好的思路和想法和别人分享,付出的越多,得到的就越多。

注 意 事 项

1. 你首先必须准确地认识问题,才能成功地解决问题。

2. 解决问题时,应当先部署整套可行的计划,然后稳妥地展开行动。

3. 把第一个问题都看作是新问题,因为你以前的经验未必奏效。

开动你的脑筋 小王一大早醒来发现停电了,家里又没有可照明的工具。柜子里有 5 双黑色袜子、5 双灰色袜子,那么他至少得拿出多少只袜子才能保证肯定有成对的袜子穿呢?(答案见附录)

第六节

全世界聪明人都在用的 8 种思考方法

　　大多数人靠打工养活自己，用自己的血汗成就老板的事业，一辈子也体验不到成功的乐趣。其实，成功和失败往往只在一念之差。能够取得成功的人都是聪明人，聪明人善于思考。每一个成功者的成功历程都离不开思考，当思考成为习惯，成功就会随之而至。

　　改革开放初期，第一批摆地摊的人被人们认为没出息，但是今天看来，他们大多都成了大老板。第一批投入股票市场的人，只要带几千元杀进股市，几年后便成了百万富翁。有人说，如果当初我也摆地摊，今天我也是大老板；如果当初我也买股票，今天我也是百万富翁。问题是，你的思考方法决定了你当初不会去做，也决定了你今天不是老板，也不是富翁。

　　人们认为只要开工厂、做生意就能赚钱，有些人说，只要有资金我也能成功。如果借给你 100 万，你敢保证做生意能赚钱吗？有些人遇到机遇拿不定主意，选择放弃；有些人遇到困难想不出办法，选择逃避；有些人遇到挑战害怕失败，选择退缩。这是因为这些人没有掌握好的思考方法，因此很难取得成功。

　　著名的成功学大师陈安之说："要想成功必须向成功者学习，必须跟成功者在一起，模仿成功者的精气神，拷贝成功者的心序……"成功最重要的秘诀就是要用已经证明有效的成功方法。你必须向成功者学习，做成功者所做的事情，了解成功者的思考模式。

只要我们模仿成功者的思考模式，学习聪明人的思考方法，成功就会光顾我们。我们总结那些聪明人做事成功的思维规律，找到能够更快更好地解决问题的方法，当我们遇到类似的问题时就能够使用这些方法快速找到出路。本书为你总结了应用比较广泛的 8 种思考方法，在这里做一个简单的介绍。

1. 发散性思考法

我们的思维常常受习惯和规则的束缚，在狭窄的范围内很难找到出路。发散性思考法可以让我们打破传统和常规的束缚，根据已有的信息，从不同角度、不同方向进行思考，寻求多样性答案。这种思考方法要求我们遇到问题的时候，应尽可能地拓展思路，思路越广阔，想到的可解决问题的方法就越多，然后我们可以从众多的可选项中找出最佳途径。

2. 六顶思考帽思考法

六顶思考帽思考法是爱德华·德·波诺博士发明的，是用于激发组织成员智力潜能的思考工具。如果我们同时对一个问题的 6 个方面进行思考，就会出现思维混乱、顾此失彼，不能做出客观公正的决定。六顶思考帽思考法让我们把一个问题分成事实和数据、感觉和情绪、危险、价值、创新和全局 6 个角度，然后用白色、红色、黑色、黄色、绿色和蓝色思考帽分别代替这 6 种思考角度依次进行思考，这样可以全面地评估问题的利弊，还避免感觉和情绪对理性思维的影响。这种思考方法无论是对团体还是对个人都有很好的理清思路的作用。

3. 倒转思考法

倒转思考法即逆向思维法，是指从思考对象的反面或侧面寻找解决问题方案的思考方法。按照正常的逻辑进行思考，有时我们会进入死胡同，找不到出路。倒转思考法是对传统观念的背叛，是从相反或相对的角度来看待问题。当我们一路向前寻找解决问题的方法的时候，我们的思维就出现了盲点——相反或相对的那一面被忽略掉了——也许在那里恰恰隐藏着解决问题的最佳方案。

4. 转换思考法

转换思考法是一种多视角思维方法，要求我们从多个层次、多个方面、多个角度思考同一问题，以期得到更加完满的解决方案。如果把思维局限在一个固定的角度，我们的思维就会受到束缚。转换思考法可以让我们避免思维定式，使我们的大脑更加灵活，在对问题的实际操作中，获得对事物的新的理解和认识，发现某种新的意义。

5. 图解思考法

图解思考法是一种"用眼睛看"的思考方法。用图画或图表把信息表示出来，让自己的思路清晰起来。当我们通过文字和语言来接受信息或传达一些复杂的信息的时候，常常感到很难理清思路，要么出现理解错误，要么丢三落四，不能把问题完整准确地表述清楚。运用图解思考法你可以把大脑中的信息一目了然地呈现出来，使信息之间的关系明了，方便理解和记忆。图解思考法还可以帮助我们全面地思考问题，在更短的时间内得到更多的创意。

本能的思考者与成熟的思考者之比较

本能的思考者	成熟的思考者
会思考	会思考，而且会分析思考过程
以自我为中心	客观公正
受既有的思考模式引导	对既有的思考模式进行评价
受各种目标体系的束缚	把自我从思想框梏中解放出来
盲目地运用逻辑体系	对所运用的逻辑体系的过程进行评价和检验
理智和情绪不受控制	明确地对理智和情绪加以控制
被自己的思想左右	管理那些左右自己的思想

6. 灵感思考法

我们的自主意识只是冰山的一角，巨大的水面下的冰山是由潜意识构成的。灵感的闪现很大程度上是潜意识思考的成果，往往能给我们带来奇妙的创意。灵感思考法就是让潜意识更加积极地参与到思考过程中，让你有更多的创意。虽然灵感具有偶然性和突发性，但是灵感的产生也有原则和规律可循，我们可以通过掌握激发和利用灵感的技巧来获得灵感。

7. 形象思考法

形象思考是和抽象思考相对应的一种思考方法，以反映事物的形象为主要特征。这种思考方法是引起联想、诱发想象、激发灵感的重要诱因，是构思新理论，带来新设想的不可缺少的思考方法，对艺术创作和科学研究都有重要意义。它可以补充抽象思维的不足，帮助我们建立理想模型，更加形象、更加具体地认识周围的事物。

8. 类比思考法

类比思考法是指把两个或两类事物进行比较，并进行逻辑推理，找出两者之间的相似点和不同点，然后运用同中求异或异中求同的思维方法进行发明和创造。一方面，通过类比我们可以发现事物的未知属性，这些未知属性一旦被开发出来往往能带来新的价值；另一方面，我们把同类事物中已知对象的某种功能应用到另一对象上，就能赋予它同样的功能。

第二章

发散性思考法

第 一 节

何谓发散性思考

有人曾做过这样的实验：在黑板上画一个圆圈，问大学生画的是什么？大学生回答很一致："这是一个圆。"同样的问题问幼儿园的小朋友，得到的答案却五花八门：有人说是"太阳"、有人说是"皮球"、有人说是"镜子"……大学生的答案当然正确，从抽象的角度看确实只是一个圆。但是，比起幼儿园的小朋友来，他们的答案是不是显得有些单调呆板呢？幼儿园的小朋友的那些丰富多彩的答案是不是更值得我们喝彩呢？

心理学家认为，人类在4岁之前的大脑是最具有开发潜能的。随着年龄的增长、知识的增加，人的思维逐渐被束缚住了。人们思考问题的时候局限在常见的、已知的圈子里，不能想到更多的解决问题的方法。一旦现有的条件不能满足常规的解决问题的途径，人们就束手无策了。这就需要我们用发散性思考来开发思维空间。

所谓发散性思考，是指根据已有信息，从不同角度、不同方向进行思考，寻求多样性答案的一种思考方式。创新思维的学者托尼·巴赞指出发散性思考有两方面的含义，一方面是来自或连接到一个中心点的联想过程，另一方面是指思维的爆发。这种思考方法不受传统规则和方法的限制，要求我们遇到问题的时候尽可能地拓展思路。发散性思考的意义在于找出多种可能性。思路越广阔，想到的解决问题的方法就越多。我们可以从众多的可选项中找出最佳途径。

■梅·维斯特头像之屋（超现实主义公寓）达利 水彩　芝加哥艺术院藏
达利的这幅画十分强调色彩的表意功能，它既可以被看作是屋子，也可以被看作是人头像。

一个思想呆滞的人不可能在某个领域做出太大的成就，科学家的新发明、商人的新点子、艺术家的新创造大部分是通过发散性思考取得的。发散性思考要求我们思考问题的时候从一个问题出发探求多种不同的答案。美国著名的心理学家吉尔福特在研究创新思维的过程中指出，与创造力最相关的思维方法就是发散思维。吉尔福特认为，经由发散性思维表现于外的行为即代表个人的创造力。也就是说，你的思维越灵活，说明你的创造力越强。

有人曾请教爱因斯坦："你和普通人的区别在哪里？"爱因斯坦把普通人的思考比做一只在篮球表面爬行的甲虫，他们看到的世界是扁平的；而他自己的思考则像一只飞在空中的蜜蜂，他看到的世界是全方位的、立体的。

缺乏发散性思维的人总是想到一个思路之后就不再思考了，得到一个说得通的解释就不再去探索其他的解释了，这样就养成了懒惰的思维习惯。要想养成发散性思维的习惯，可以从发散性思维的 3 个特性入手进行训练。

首先，发散性思维具有流畅性，可以让你在很短的时间内产生大量的思路。

如果你的思维的流畅性很好，你的思路就如行云流水，创意迭出。心理学家克劳福德建议我们用属性列举法来训练思维的流畅性。简单的训练方法如下：

（1）用你能想到的所有定语形容某一个名词。

（2）想出一个故事的多个结局。

（3）给一个故事拟定多个标题。

（4）用给定的字组成尽可能多的词，或用给定的词语组成尽可能多的句子。

其次，发散性思维具有变通性，非常灵活，可以让你自由驰骋。

变通性要求你重新解释信息，强调跨域转化，即用一种事物替换另一种事物，从一个类别跳转到另一个类别。转化的数目越多、速度越快，转化能力就越强。比如，针对"砖头有什么用途"这个问题，你回答"可以盖房子、可以垒一堵墙"，其实，这样的回答是把砖头限制在建筑材料这一个门类里了。如果回答说砖头可以用来做磨刀石，这就跳转到别的类别里了。

训练变通性可以提高人们触类旁通的能力。简单的训练方法如下：

（1）说出给定的定语能够描述的所有东西。

（2）对给定的一系列词按照一定的类别进行组合。比如蜜蜂、鹰、鱼、麻雀、船、飞机等，按照飞行的、游水的、凶猛的、活的等类别进行组合。

最后，发散性思维具有独特性，可以让你别出心裁地产生不同寻常的想法和见解。

独特性的意思是指这种思维方式是唯一的、非凡的、别人想不到的。独一无二的思维方式可以得到意想不到的结果。独特性建立在流畅性和变通性的基础之上，可以说流畅性和变通性是途径，独特性是结果。只有产生大量的、不同类别的思路，才能从中找到能够出奇制胜的创造性想法。

此外，发散性思考还要求我们敢于提出新观点和新理论。现成的、固定的答案是发散性思考的最大障碍，如果你敢于对现有的答案提出质疑，也许能够另辟蹊径找到更加便捷、更加有效的方法。例如，著名数学家华罗庚上中学的时候就曾经大胆地对权威理论提出质疑，结果他证明了一位数学教授的公式推导有误。

　　发散性思考对于创新有非常重要的意义，由它可以派生出很多具体的方法和技巧。一些研究者提出可以用组合发散法、辐射发散法、因果发散法、关系发散法、头脑风暴法和特性发散法这 6 个方法进行发散性思考。这些方法对解决日常生活中的问题非常有效，可以帮我们找到一些小窍门。

注 意 事 项

　　1.发散性思考不能像逻辑思维一样帮我们做出判断，它只能帮我们找到解决问题的切入点。

　　2.如果运用发散性思考之后没有解决问题，说明你没有找到正确的切入点。这时不应该泄气，而应该对自己的思考进行反思，也许纠正错误之后就能找到解决问题的途径。

开动
你的脑筋

尽可能多地写出砖头的用途。

_____

_____

_____

_____

组合发散法

你玩过拼图游戏吗？一张图被分割成很多小块儿，你需要把那些小块儿拼凑起来，组合成一张完整的画面。我们的大脑在思考一个问题的时候，也是通过逻辑思维将与思考问题相关的各种因素组合起来，运用综合我们可以进行发明创造，运用分析我们可以全面地、完整地考虑一件事。

■经常玩拼图，可以很好地锻炼大脑的组合发散功能。

组合发散法，顾名思义就是将不同的事物组合起来，从而创造出新的事物的一种思考方法。发散的方向应该是全方位的，包括正向、逆向、纵向、横向，必要时还要进行三维立体思维、多维空间思维。

组合发散法是发散性思考法的一种，虽然强调发散，但是并不是没有原则地漫天撒网。就像玩拼图游戏一样，如果忽略事物之间的逻辑关系，就不能组合成一张完整的图。我们想到的事物必须属于一个系统，可以构成一张"图"。因此在进行组合发散的时候要考虑事物的价值，对事物进行选择。

"组合"并不是把两个事物生搬硬套地放在一起，而是按照事物之间的内在联系，把它们有机地结合起来，就像玩拼图游戏的时候，那些小块儿必须环环相扣才能展现出一张完整的画面。我们需要对组合对象进行深入研究，把握各个部分之间的联系，从中总结出规律，然后把它们综合起来。

组合发散法有两方面的意义，一方面可以帮助我们创造新事物，另一方面可以帮助我们全面地了解一件事情。

很多发明创造都运用了这种思考方法，把两种或多种事物组合起来就产生了一种新的事物。

现在市面上有各种各样的铅笔，人们使用起来非常方便。然而在最初的时候，人们是使用光秃秃的石墨写字的。石墨容易断，而且写字的人总是弄得满手黑。后来，德国纽伦堡的一位木匠把石墨和木条组合起来，形成了现代铅笔的雏形。1662 年，弗雷德里克·施泰德勒根据这个原理开办了第一家铅笔工厂，他将细石墨放入带槽的木条，然后用另一根涂了胶的木条把石墨笔芯夹在中间，再将笔杆加工成圆柱形或者八棱柱形。

1858 年，美国费城有一位名叫海曼·利普曼的画家对铅笔进行了又一次改进——在铅笔顶端粘上一块小橡皮，再用金属片把小橡皮固定在铅笔上。这是对组合发散的简单运用，然而就是这样一个简单的组合，海曼·利普曼却为此申请了一项专利，后来以 55 万美元的价格卖给了一家铅笔公司。

许多事物都可以根据一定的原则组合起来：不同功能的事物组合起来就具有了多种功能，比如手机和数码相机组合起来就成了有拍照功能的手机；不同材料可以进行组合，从而获得新的材料，比如诺贝尔把容易爆炸的液体硝酸甘油和硅藻土组合起来发明了固体的易于运输的炸药；不同的颜色、声音、形状和味道可以进行组合，比如几种不同的酒混合在一起，形成口味独特的鸡尾酒；不同领域不同性能的事物之间的组合，比如台历和温度计的组合。

　　当我们考虑一个复杂问题的时候，常常有所遗漏，不可能面面俱到。运用组合发散法我们可以将问题拆分开，从各个角度详细分析之后再重新组合起来，这样我们就能得出一个客观的结论。

　　这种分析问题的方法适用于拥有多方意见的问题上。偏听偏信就会做出错误的结论——运用发散组合的思考方法，我们就能做出客观公正的评判。

注 意 事 项

　　1. 运用组合发散法的时候要尽可能地扩展思路，不能局限于某一事物或事物的某一方面，而应该从多角度、多层面来寻找组合对象。

　　2. 进行组合发散法思考时要把握好组合对象之间的联系，只有把两个或多个事物巧妙地联系起来，才能发挥组合的作用，只有找到事物之间的联系，才能很好地把握问题的全貌。

　　3. 运用组合发散法分析问题的时候，每次只考虑一个角色的想法，并完全站在那个角度进行思考，摒除其他思考角度的干扰。

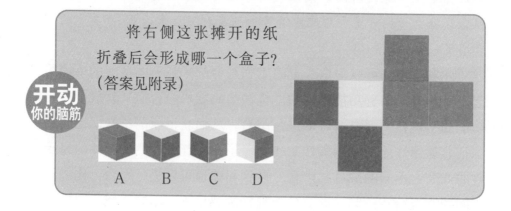

开动
你的脑筋

将右侧这张摊开的纸折叠后会形成哪一个盒子？
（答案见附录）

A　B　C　D

第三节
辐射发散法

　　辐射发散法是指从一个中心点出发，向四面八方扩散，把中心点和各种事物联系起来，从而产生新的主意。这种思维方法是美国心理学家吉尔福特提出来的，要求思考者在寻找解决问题的方案时向更多的方向思考，从不同视角、不同侧面探索解决问题的方法。

　　顾名思义，这种思维方法就像自行车的辐条一样以车轴为中心向各个方向辐射。

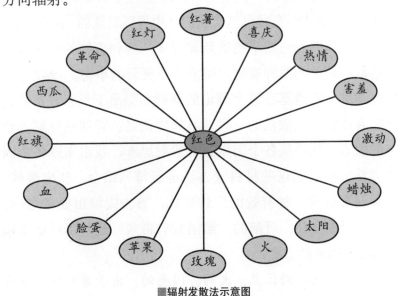

■辐射发散法示意图

　　我们可以用辐射发散法扩展一项技术的应用领域，使它在更广阔的范围内发挥作用。比如，我们围绕"电"进行辐射发散，可以想到电灯、电扇、电视、电脑、电磁炉、电动机、电饭锅、电热毯等等。我们还可以把一项新技术作为辐射中心，将它与各种传统技术和常见事物结合起来，创造出新的技术。

　　运用辐射发散法思考，我们首先要确定一个中心点，即要有一个明确地需要解决的问题，然后围绕这个问题向各个方向做辐射状的积极思考，尽可能多地寻找解决方案。在思考过程中，我们要突破点、线、面的限制，多角度、多层次、多方位、多关系地思考，尽可能地拓展思维空间，不拘一格地提出新观念、新方法、新概念、新思想。除了在空间上向更宽、更广的方向进行辐射之外，我们还可以在时间上向纵深的方向进行辐射，不仅着眼于现在，还可以从历史的角度、未来的角度进行思考。

　　当我们需要对某个事物进行改造翻新的时候，可以以这个事物为中心，向四面八方辐射，与那些和本事物毫不相干的事物联系起来。这也是对辐射发散的一种应用。用这种方法想到的结果可能大多数是无意义的，甚至是荒唐的，但是这种思维模式可以帮助我们开阔思路，跳出常规的思考路径，有时可以使我们从中得到新颖的、有价值的方案。

　　事实上，我们创造的事物的新颖程度与两种事物的相关程度成反比，即越是不相关的两种事物，越能产生更新的事物。1942 年，瑞士天文物理学家卜茨维基在这个理论的基础上提出了形态分析法，我们可以把它看作辐射发散法的一种。具体做法是：将课题分解为若干相互独立的因素，然后从各个因素进行辐射思考，找出实现各个因素的材料或方法，最后对这些材料或方法进行排列组合，找出最佳方案。比如，我们要研究一种有效的广告形式，首先提取出要考虑的因素：吸引人的、形象宣传、可信的、给消费者带来好处，然后运用辐射发散引出满足各因素的方法。

　　吸引人的：显眼的位置、大的、闪亮的、出乎意料的、惊奇、频繁出现的……

　　形象宣传：好看的、高质量的、迷人的、优雅的、完美的……

　　可信的：诚实的、权威的、官方的、获得认可的……

　　给消费者带来好处：折扣、回报、承诺、实惠……

　　由以上这些，我们可以想到在商场搞庆典活动，在显眼的位置张灯结彩达到吸引眼球的效果，并塑造良好的企业形象和产品形象；在活动现场举办由公证处公正的抽奖活动可以体现出权威性和诚实可信，并给消费者带来好处。

　　辐射的目的是获得尽可能多的备选答案，我们想到的思路越多，所产生的设想就会越新颖。通过辐射发散思考，我们能够得到很多设想，其中有新颖独特的想法，也有常规的想法，有优秀的创意，也有拙劣的创意，有操作性强的方案，也有不可行的方案。我们需要从中挑选出最合适、最有效、最便捷、最符合我们需要的解决问题的方案，因此在辐射发散之后，还要有一个筛选的过程。

　　这种思考方法在集体思考中的应用非常广泛，比如在各种创意征集活动中的应用。2008 年奥运吉祥物"福娃"的创作的前期过程就是运用辐射发散思考的一个典型案例。

　　北京奥运会组委会从 2004 年 8 月 5 日开始向全世界征集奥运吉祥物，截至 12 月 1 日收到了上万件作品。其中有效参赛作品 662 件，中国内地作品 611 件，占总数的 92.3%，港澳台作品 12 件，占总数的 1.8%，国外作品 39 件，占总数的 5.9%。

　　参选作品收集上来之后，文化艺术领域里的专家学者对众多作品进行了评选，先从 662 件作品中挑选出了 56 件作品，然后由 10 名中外专家组成的推荐评选委员会进行评选，最后把大熊猫、老虎、龙、孙悟空、拨浪鼓和阿福作为吉祥物的修改方向。在此基础上，由评委会推荐成立的修改小组组长、著名艺术家韩美林完成了吉祥物方案的设计。

　　对于个人来说，在进行辐射发散思考的时候，最好先对自己的思考方向进行分类，然后沿着不同的方向进行思考，这种分类的方法比漫无目的地辐射更有系统性，可以得到更全面的辐射点。相反地，也许可以想到很多方面，但是没有逻辑、没有系统，因此很容易忽略掉一些东西。

比如，我们在前面提出的问题：尽可能多地写出砖头的用途。你想到了多少种答案呢？你可能会想到盖房子、砌围墙、建桥梁、铺路、做棋子、当磨刀石、当画笔……如果先确定几个思考的方向，然后分别沿着每个方向进行辐射发散，就能够得到更多的答案了。我们可以把砖头的用途分为：建筑类、游戏类、生活类、艺术类、科学类等几个大的方向，如果想到一些无法归类的用途，则归入"其他类"。

建筑类：盖房子、砌围墙、建桥梁、铺路、垒灶台、垒烟囱……

游戏类：当棋子、当球门、当道具、做积木、丢砖游戏、气功表演、当多米诺骨牌……

生活类：当磨刀石、当板凳、当枕头、当秤砣、当垫脚石、堵烟囱、堵鼠洞、当锤子……

艺术类：当画笔、当绘画颜料、当雕塑原料、当乐器、做首饰……

科学类：航天研究材料、化学实验材料、测量压力和重力、做模具、做机器零件……

其他类：卖钱、自卫武器、爱情见证物、做标记……

显而易见，用这种分类的方法可以更加全面地分析问题。请用这种辐射发散的思考方法来思考这个问题：酒瓶的用途有哪些？首先确定你想从哪几个方面进行思考，然后填充在那个方面想到的用途中。

1. _____

_____

_____

2. _____

_____

_____

3. _____

_____

_____

4. _____

_____

_____

5. _____

_____

_____

这里有两组齿轮，请按箭头的指示方向转动每组的第一个齿轮，判断第一组齿轮上的 2 个水桶会上升还是下降，以及第二组最后一个齿轮的转动方向是顺时针还是逆时针。（答案见附录。）

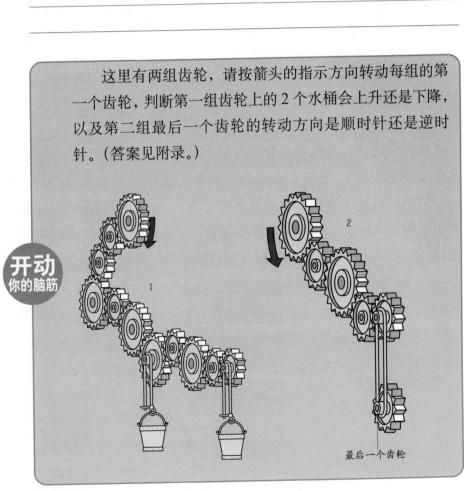

开动
你的脑筋

最后一个齿轮

因果发散法

　　事物之间普遍存在着因果联系：下雨导致地面湿，"春种一粒粟"导致"秋收万担粮"，勤奋学习导致考上好大学，助人为乐导致好人缘……

　　我们举的这几个例子好像具有显而易见的因果关系。但是事实上无论是在自然界还是在人类社会，因果关系并不是如此清晰明了地一一对应的。一个原因可以导致多种结果，一个结果可能是由多种原因引起的。比如：下雨仅仅导致地面湿吗？还会带来别的结果吗？"地面湿"一定是下雨引起的吗？还有别的原因吗？请看下面的图示。

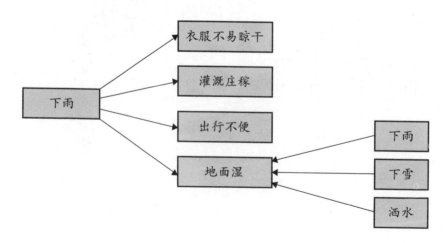

　　因果发散法就是让我们以事物发展的原因或结果为中心点，进行发散思考，从而找到导致某一现象的原因或者某一现象可能引起的结果。由果及因的发散思考在解决复杂问题的时候比较常见，只有找到问题的症结所在，才能找到解决问题的有效方案。比如，侦探在破案的时候就要以案发结果为中心点进行发散思考，由果溯因推断导致案件的可能原因，然后运用推理排除种种可能，剩下的一种可能就是答案了。

　　我们来看看下面这个小笑话。

　　有一次，福尔摩斯和华生去野营，他们在星空下搭起了帐篷，然后很快就睡着了。半夜，福尔摩斯把华生叫醒，对他说："抬头看看那些星星吧，然后把推论告诉我。"华生想了想说："宇宙中有千百万颗星星，即使只有少数恒星有星星环绕，也很可能有一些和地球相似的行星，在那些和地球相似的行星上很可能存在生命。"

　　福尔摩斯听完之后，说："现在我告诉你我的推论，我们的帐篷被人偷走了。"

　　同样是看到了星星，华生和福尔摩斯得到了不同的推论。在进行由果及因的时候，我们应该像福尔摩斯一样从实际出发，关注与生活密切相关的问题。

　　医生看病的时候也要弄清导致疾病的原因，才能确定相应的治疗方案，从而进行准确、可靠、快速、有效的治疗。同一种病症可能是多种原因引起的，比如同样是发热，可能是病原体引起的感染，可能是肿瘤或结核病引起的，还有可能是大手术后人体内组织重生引起的。医生常常询问病人一些问题，为的就是排除其他的可能性，确定引起疾病的原因，然后对症下药。

　　我们在处理生活中的问题的时候，同样可以采取这种由果及因的方法推导出引发某一现象的原因。这种思维方法还有助于我们总结失败的教训，比如考试失败了，我们运用因果发散思考法想想可能是哪些原因导致的失败：没有记住知识，没有掌握解题方法，做题的时候粗心大意，考试的时候紧张……然后，对照自己的实际情况排除那些不相符的原因，就会找到导致失败的真正原因。下次考试的时候克服掉这个原因就能避免失败了。

除了由果及因的发散思考，我们还应该进行由因及果的发散思考，这种思考方法可以预测事情未来的发展方向，避免盲目性。比如当我们在实施一项计划之前，就要全面地考虑这项计划会产生什么影响，不仅要考虑有利的影响，还要考虑不利的影响，不仅要考虑对自身的影响，还要考虑对竞争者的影响。经过多方发散，才能得出全面的预测，避免盲目行事。

我们得到一些新颖独特的解决问题的方案，这些方案具有可行性吗？会带来什么结果呢？这时就可以通过由因及果的发散思考法预测一下那些方案能否帮我们解决问题。当我们需要做出影响人生发展方向和前途的决定的时候，更要考虑这个决定会给自己造成哪些影响，然后权衡利弊做出明智的选择。

这是一种很实用的思考方法，当你为一件事犹豫不决的时候，就可以用由因及果的思考方法考查一下有哪些理由在支持你做或不做。比如：

一个南方女孩和一个北方男孩相爱了。有一天晚上，男孩向女孩求婚。女孩有点不知所措，她说："让我想想。"她回家后拿出一张纸，左边写上"不嫁"，右边写上"嫁"。在不嫁的那一栏，她写下：

1. 他工作不稳定，收入不高。

2. 南北方生活习惯差异大，将来会有麻烦。

3. 他学历不高。

4. 他家在农村。

5. 他有体弱多病的母亲和上学的妹妹，家庭重担由他一个人承担。

……

在右边那一栏，她写下了一个字——爱。

她反复思索，把左边的理由一条条划去，把右边的理由一遍遍加深，于是她确定了自己的选择。

在训练发散思维的时候，我们可以设置一个事件，然后对这个事件可能引起的结果进行推测。这种由因及果的推测在实际操作中，往往能够引发新的创意。比如：

我们假设世界上没有老鼠，会出现什么结果呢？

世界上少了一种动物；可以减少粮食损失；不会发生鼠疫；孩子们不认识童话中出现的老鼠；猫和猫头鹰没有了食物可能会灭绝；生态平衡遭到破坏，可能会给自然界带来巨大的灾难……

如果人不需要睡眠会引发什么结果呢？

24 小时营业场所增加；安眠药和床的销售量会降低；人们的知识会成倍增加；节约劳动力；能源消耗增加；人们会更加孤独寂寞；犯罪率会上升；会出现更多的游戏和娱乐设施供人们打发时间；工作时间会延长……

开动
你的脑筋

请做下面几个脑筋急转弯：

1. 一个人居然有两颗心脏，而且两颗心脏都很正常。这是怎么回事？

2. 福尔摩斯花了半天时间也查不出命案现场有任何线索，正当他一筹莫展的时候，谜团突然解开了。为什么？

3. 小王一边刷牙，一边吹口哨。他是怎么做到的？（答案见附录）

关系发散法

　　甲乙两个人为一件事发生了争执，他们来到寺院让一个德高望重的老和尚评理。甲来到老和尚面前说了自己的一番道理，老和尚听后说："你说得对。"接着，乙来到老和尚面前说了和甲的意见相反的另一番道理，老和尚听后说："你说得对。"站在一旁的小和尚说："师父，怎么两个人说的都对呢？要么甲对乙错，要么乙对甲错。"老和尚说："你说得对。"

　　也许你觉得老和尚的话自相矛盾，但是真的存在绝对的对与错吗？很多事并非只有一种解释。从甲与这件事的关系来看，甲说的是对的；从乙与这件事的关系来看，乙说的是对的；从小和尚与这件事的关系来看，小和尚说的也是对的。

　　我们所处的这个世界是一个多元的、复杂的世界，我们所做的每一件事都有利有弊，对与错、好与坏就像一股黑线和一股白线相互交织，有时甚至紧密得难以分开。我们在观察和解释事物的时候，应该避免单一和僵化的解释，那样只会导致偏执一词、钻牛角尖，看不到事情的全貌。

　　要想在这个世界上从容地生存发展，就要运用关系发散法来思考问题，即从宏观的角度充分分析事物所处的复杂关系，并从中寻找相应的思路，得出客观全面的结论。人们常用"八面玲珑"来形容那些善于为人处世的人，这个词形象地体现了关系发散法的好处。

关系发散的另外一层意思是从另一个角度重新理解和解释事物之间的关系。很多时候我们习惯了事物之间的某种关系，于是把这种关系看作是亘古不变的，从来

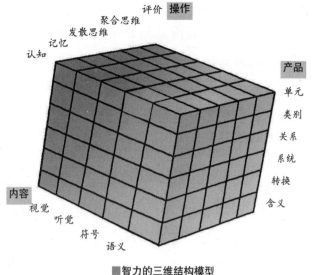

■智力的三维结构模型

不试图改变。事实上，只要你愿意，完全可以对事物的关系做出另一番解释。

古时候，有一位秀才进京赶考，住进了一家客店。考试前一天他做了2个梦：在第一个梦里，他在墙上种白菜；在第二个梦里，他在下雨天戴了斗笠还打伞。

秀才觉得这3个梦似乎意味着什么，于是去找算命先生解梦。算命先生听了他的描述后连连摇头说："你还是回家吧！你想想，高墙上种菜不是白费劲吗？戴斗笠打雨伞不是多此一举吗？"秀才听后觉得有道理，没心思考试了，回到客店收拾包袱准备回家。店老板觉得非常奇怪，问："不是明天才考试吗，你怎么今天就回乡了？"

秀才把解梦的事告诉了店老板，店老板听后笑了起来："我也会解梦的。我倒觉得，你这次一定要留下来。你想想，墙上种菜不是高中（种）吗？戴斗笠打伞不是说明你这次有备无患吗？"

秀才听后觉得更有道理，于是信心十足地参加了考试，结果中了探花。

在生活中，我们同样需要从不同的角度来解释两件事之间的关系。"塞翁失马，焉知非福"就是对关系发散的运用。"福兮祸之所倚，祸

兮福之所伏"，丢了一匹马，并不仅仅给塞翁造成损失，有可能还会带来好处，虽然那好处没立刻显现出来，但是通过关系发散法塞翁预测到了可能的好处。

此外，关系发散法在数学题中的应用也很广泛。

在一节思维培训课上，一个小学一年级的数学教师向思维培训师请教如何教孩子们练习发散思维。思维培训师在黑板上写了一道算术题：

2+3＝？

然后，他说："这是小学一年级常见的计算题，只有唯一的答案，对就是对，错就是错。这会让孩子们养成寻找一个答案的思维习惯，导致思维的扁平化，遇到问题时缺乏寻找多种答案的意识和能力。虽然大部分数学题是一题一解的，但是我们可以运用关系发散法来改变出题的方式。"接着，他在黑板上写下了这道题：

5＝？＋？

那个数学老师一下子醒悟过来，显然学生在计算这道题的时候思维是发散的，而计算前一道题的时候思维却是封闭的。

思维培训师对等式两边的关系进行了发散处理，把已知变未知，把未知变已知，从由分求和到由和求分。有人把这种发散方法称为"分合发散"。曹冲称象的方法就是对分合发散的运用。

三国时，孙权送给曹操一头大象。曹操很高兴，问他的谋士们："谁有办法称一称它的重量？"有人说造一个巨型的秤，有人说把大象宰了切成块。这时曹冲说："我有办法。"他让众人跟他来到河边，叫人把大象牵到一条大船上，等船身稳定了，在船舷上齐水面的地方刻了一条线做标记。然后，他让人把大象牵到岸上，把岸边的石头一块一块地往船上装，船身就一点儿一点儿往下沉。等船身沉到刻的那条线时，曹冲就叫人停止装石头。接下来，大家都知道怎么办了吧？称一称船上石头的就知道大象有多重了。

在这个例子中曹冲巧妙地把大象和石头联系起来，把难于称量的大象的重量分解为容易称的石头的重量，使问题迎刃而解。与此类似的还有西汉时期的孙宝称馓子的故事。

一个农夫撞倒了卖馓子的小贩，馓子掉在地上全摔碎了。农夫愿意赔偿 50 个馓子的价钱，但是小贩坚持说他有 300 个馓子，二人僵持不下。这时，担任京兆尹的孙宝路过，他让人把地上的碎馓子收集起来称出重量，然后买来一个馓子称出一个馓子的重量，两数相除计算出馓子的个数。农夫和小贩都心服口服，农夫按照馓子的数目赔钱给了小贩。

这同样是对关系发散法的应用，孙宝同时考虑了整体与个体，数量与重量的关系。馓子虽然碎了，但总重量不会变，每个馓子的重量都差不多，用总重量除以单个馓子的重量，就得出了数量。

开动
你的脑筋

你是谁？尽可能多地说出你与周围人和事物的关系。

_____

_____

_____

_____

_____

头脑风暴法

头脑风暴法是被誉为创造学之父的美国人亚历克·奥斯本提出来的，是一种激发集体智慧、提出创新设想、为一个特定问题找到解决方法的会议技巧。奥斯本曾这样表达头脑风暴的意义："让头脑卷起风暴，在智力激励中开展创造。"

美国北部常下暴雪，有一年雪下得特别大，冰雪积压在电线上导致很多电线被压断，严重影响了通信。电讯公司想尽办法也没能解决这一问题。后来，电讯公司经理召集不同专业的技术人员举行了一次头脑风暴座谈会。

会议上，大家提出了不少奇思妙想：有人提议设计一种电线清雪机；有人提议提高电线温度使冰雪融化；有人提议使电线保持震动把积雪抖落。这些想法虽然不错，但是研究周期长，不能马上解决问题。还有人提出乘坐直升机用扫帚扫雪，这个想法虽然滑稽可笑，但是有一个工程师沿着这个思路继续思考，想到用直升机的螺旋桨将积雪扇落，他马上把这个想法提了出来。这个设想又引起其他与会者的联想，人们又想出七八条用飞机除雪的方案。

会后，专家对各种设想进行分类论证，一致认为用直升机除雪既简单又有效。现场试验之后，发现用直升机除雪真的很奏效。就这样，一个困扰电讯公司很久的难题在头脑风暴会议中得到了解决。

俗话说："三个臭皮匠，顶一个诸葛亮。"当我们面对复杂的问题时，靠一个人冥思苦想很难解决问题，在会议上大家提出的想法可以互相激励，互相补充，从而产生出新创意和新方法。但是，并非所有的会议模式都能让人们打开思路、畅所欲言。奥斯本找到了一种能够实现信息刺激和信息增值的会议模式，在企业进行发明创造和合理化建议方面效果显著。他提出头脑风暴法之后，这种方法很快就在美国得到了推广，随后日本也相继效仿。

头脑风暴会议的意义在于集思广益，为了保证头脑风暴法发挥作用，奥斯本要求与会人员务必严格遵守 4 个原则。

第一，自由设想。与会者要解放思想、开拓思路，无拘无束地寻求解决问题的方案。鼓励与会者提出独特新颖的设想，因此与会者要畅所欲言，不要担心自己的想法是错误的、荒谬的、不可行的或者离经叛道的。

在平常的会议中，我们力求让自己提出的建议和想法符合逻辑，因为我们总希望自己的建议得到别人的认可，而不会提出一个连自己都不能自圆其说的想法，这就放过了很多潜在的解决问题的方法。头脑风暴会议就是要求我们天马行空地思考，无所顾忌地表达，让那些潜藏的方案显露出来。

第二，延迟评判。不要在会上对别人提出的设想进行评论，以免妨碍与会者畅所欲言。对设想的评判要在会后由专人负责处理。

在平常的会议中，大家总喜欢用批判的态度对待别人提出的一些想法，挑毛病是很容易的事，然而这种批判的态度使很多优秀的设想被扼杀在萌芽之中。比如，在美国电讯公司的会议中，当有人提出"乘坐直升机用扫帚扫雪"之后，如果有人说"这个想法太离谱了"，那么就不会有后面的"用螺旋桨除雪"的设想。

第三，追求数量。与会者要运用发散思维尽可能多地提出设想，数量越多就越有可能产生高水平的设想。

日本松下公司鼓励职工运用头脑风暴法提出改进技术、改进管理的新设想，在 1979 年一年内便产生了 17 万个新设想。公司从如此多的设想中选出优秀的、建设性的设想应用在设计和管理领域，使生产经营水平不断提高。

第四，引申综合。在别人提出设想之后，受到启发产生新的设想，或者把已有的两个或多个设想综合起来产生一个更完善的设想。

人们常常把合作的好处比做 1+1＞2，英国戏剧家萧伯纳就曾说过："如果你有一种思想，我也有一种思想，我们彼此交流这种思想，我们每个人将各有两种思想。"头脑风暴法并不仅仅是把各自的想法罗列出来，它还有一个激荡的过程，一个想法催生另一个想法从而得到更多更好的想法。有交流、有发展才有创新。

头脑风暴的效果显而易见，因此在世界各国受到了普遍欢迎。并且各国在不断应用中对头脑风暴法进行了创新和发展，以适应不同团体的需要。在这里我们介绍美国、德国和日本的 3 种典型的头脑风暴法。

（1）美国的逆向头脑风暴法：这是美国热点公司对头脑风暴法的发展，其特点是不但不禁止批判，反而重视批判，旨在通过批判使设想更完善。这种方法与美国人那种自由、开放的性格相适应。需要注意的是要防止因为批判而导致大家不愿意提出荒谬的设想。

（2）德国的默写式头脑风暴法：这是德国学者鲁尔巴赫根据德国人惯于沉思和书面表达的特点而创造的会议方法。其特点是每次会议由 6 个人参加，每个人在 5 分钟之内提出 3 个设想，因此这种方法又叫"635 法"。主持人宣布议题之后，发给每个人一张卡片，卡片上有 3 个编码，编码之间有一定的空余，为的是让别人填写新的设想。在第一个 5 分钟内每个人在卡片上填上 3 个设想，然后传给下一个人。在下一个 5 分钟内，大家从上一个人的设想中受到启发填上 3 个新的设想。这样传递半个小时之后，可以产生 108 个设想。

（3）日本的NBS头脑风暴法：这是日本广播公司对头脑风暴法的发展，是一种事务性较强的方法。具体做法是主持人在会议召开之前公布议题，并发给与会者一些卡片，要求每个人提5条以上设想，每一条设想写在一张卡片上。会议开始后，与会人员逐一出示自己的卡片并发言。当别人发言的时候听众如果产生了新的设想，就把设想写在备用的卡片上。发言完毕之后，主持人收集卡片并按内容分类，然后在会议中讨论、评价，选出解决问题的方法。

头脑风暴法作为一种激励集体进行创新思维的方法在企业和设计性团体中得到了广泛的应用。此外，这种方法在日常生活中也很实用，比如在学校，老师可以组织头脑风暴会议，让学生们讨论如何提高学习成绩，如何丰富课外生活等问题。家庭成员也可以召开小型的头脑风暴会议讨论如何度过周末，如何使晚餐更丰盛等问题。并且，在日常生活中的训练还可以逐渐提高我们的发散性思考的能力。

注 意 事 项

1. 在进行头脑风暴会议之前，先申明会议的主旨，强调不可取笑别人离奇的想法。否则，会打击与会者的积极性。

2. 在某种特殊的议题上，可通过匿名的方式收集意见和建议，以此维护"想法"的提出者。

3. 对所收到的提议进行周全的评判，切不可迅速地否定一个提议。

第七节

特性发散法

我国创造学者杜永平在《创新思维与创作技法》一书中提出了特性发散的思维方法，所谓特定发散是指用发散思维看待事物的特性，事物的每一个现象、每一种形态、每一个性质都可能给我们带来帮助，引发出不同的用途。

当年，李维斯和很多年轻人一样投入到了西部淘金的热潮之中。在前往西部的路途中，有一条大河挡住了去路，人们纷纷向上游或下游绕道而行，也有人打道回府。李维斯对自己说："凡事的发生必有助于我。这是一次机会！"他想到了一个绝妙的创业主意——摆渡。很快，他就积累了一笔财富。

后来摆渡的生意十分冷淡，他决定继续前往西部淘金。到了西部，他发现那里气候干燥、水源奇缺，人们纷纷抱怨："谁给我一壶水喝，我情愿给他一块金币。"李维斯又告诉自己："凡事的发生必有助于我。这是一个机会！"他又看到了商机，做起了卖水的生意。渐渐地，卖水的人越来越多，没有利润可图了。

这时，他发现淘金者的衣服都是破破烂烂的，而西部到处都有废弃的帐篷。李维斯再次告诉自己："凡事的发生必有助于我。这是一次机会！"由此他又想到一个好主意——用那些废弃的帐篷缝制衣服。他缝成了世界上第一条牛仔裤！后来，李维斯终于成了举世闻名的"牛仔大王"。

在李维斯的事业发展过程中，他多次用到了特性发散的思维方法。大河可以挡住人们的去路，同时也给人们提供了摆渡的机会；干燥的气候导致人们口渴难耐，但是也给人们提供了卖水的机会；在淘金的过程中衣服被磨得破破烂烂，这给人们提供了一个发明结实衣服的机会。只有那些善于运用特性发散思考法的人，才能看到隐藏在现象背后的机会，从而利用机会制造商机。

当我们在思考一个问题的时候，要考虑思考对象的特性和思考对象与哪些别的因素有必然的联系，从中寻找解决问题的新途径。特性发散思考法还要求我们增加看问题的视角，找到思考对象的更多特性。下面这个例子也体现了对特性发散思考法的运用。

第二次世界大战结束后，战胜国决定成立一个处理世界事务的联合国。第一个问题就是购买可以建立联合国总部的土地，对刚成立的联合国来说，很难筹集大笔资金。美国石油大王洛克菲勒听说了这件事后，出资870万美元买下纽约的一块地皮，并无偿地捐赠给联合国。有人赞叹洛克菲勒的义举，有人对此表示无法理解。事实上，洛克菲勒另有打算。

随着联合国的作用越来越重要，周围的地价随即飙升起来。当初洛克菲勒在买下捐赠给联合国的那块地皮时，也买下了与其相连的许多地皮。没有人能够计算出洛克菲勒家族在后来获得了多少个870万美元。

洛克菲勒之所以敢进行大胆的投资，是因为他已经看到了潜在的好处。联合国购买土地作为联合国办公地址，这件事不是孤立的，必然会带来一系列其他的影响。运用特性发散法思考问题，可以帮我们预测隐藏在某一事件中的潜在机遇。所以，每当我们遇到一个新现象或发现一个新事物的时候就要问问自己：

它有什么用？它能用在什么地方？

或者，我们可以向李维斯一样对自己说：

凡事的发生必有助于我。这是一个机会！

我们习惯于认为很多事跟自己没关系。"事不关己，高高挂起"是一种不良的思维习惯，那样做只能使我们的思路局限在已有的范围之内，得不到拓展。特性发散思考法就是要我们打破这种思维惯性，从任何看似与我们无关的事物中寻找可能存在的价值。为了强化特性发散思维，我们可以在平时进行这样的思考训练，比如：

温度计测量温度的特性在什么情况下有用？测量室内温度、生病后测量体温、出游之前考虑目的地的温度、农民考虑适合植物生长的温度、养殖场考虑适合动物生存的温度、衬衫厂商根据气温变化决定生产长袖还是短袖……

熟练掌握特性发散法，可以使更多的东西为我所用。比如，废纸盒可以用来放 CD，花哨的塑料包装可以用来制作精美的贺卡，饮料瓶可以当作花瓶……

下面是一个特性填词表：

高大	积极	绿色	浪漫	小巧
沉重	结实	坦荡	热烈	灵活
混乱	正式	芳香	贵重	零散
丰满	危险	冷寂	漂亮	振奋

开动 你的脑筋

这些词都是描述事物某种特性的形容词，进行训练的时候，需要从中选取一个特性，然后列举出有这种特性的事物，说得越多越好。比如，能够用高大描述的事物有：山、树、楼房、电线杆、人的身材、人的品格……

经过一段时间的训练之后，我们还可以增加训练的难度，从表格中挑选两个特性，然后列举出可以同时用两个特性描述的事物。

当这些词用过一遍之后，你还可以自己制作另外一个填词表，填上你随机选取的形容词。

第三章

六项思考帽思考法

第 一 节

6种不同颜色的思考帽

也许你有过这样的经历，思考一件事情的解决方法时，思绪变得像一团乱麻一样理不清头绪。如果我们企图在同一时间内做太多的事情就会遇到这样的问题，我们需要客观理性地收集并分析信息资料，但是又会受自身的感觉和情绪的影响，我们在追求利益的同时还得考虑不利的一面，既要开拓创新又得小心谨慎，是跟随群众领袖还是自己孤身前往……这些会让我们分散精力，使我们的思维陷入混乱的状态，而混乱是思考最大的敌人。

就像我们不能在同一时刻对来自不同方向的攻击做出敏锐的反应一样，我们也不能在同一时刻对一个复杂问题的各个方面进行清晰、有效的思考。在团体中由于每个人看问题的角度不同，大家各执一词，容易引起毫无建设性的争论，很难得出一致的结论。针对这个问题，被尊为"创新思维之父"的爱德华·德·波诺博士提出了著名的"六顶思考帽"。这种独特的思考方法作为政府、企业和个人的决策指南受到了广泛的推广和肯定，在微软、杜邦、IBM、麦当劳、可口可乐、通用等著名的企业得到了成功的应用。

爱德华·德·波诺用6种颜色的思考帽来代表6种思考问题的角度，每一种颜色都会引起人们的一种联想，颜色给我们的印象对应着一种思

六项思考帽	颜色联想	思考角度
白色思考帽	中性和客观	搜索并展示客观的事实和数据
红色思考帽	直觉和情绪	表达对事物的感性的看法
黑色思考帽	冷静和严肃	用小心谨慎的态度指出任一观点的风险所在
黄色思考帽	希望和价值	用乐观、积极的态度指出任一观点的价值所在
绿色思考帽	活跃和生机	运用创新思维提出新观点
蓝色思考帽	理性和沉稳	对整个思考过程和其他思考帽的控制和组织

考问题的角度。

6 种思考角度是我们在处理任何问题时都要用到的，但是如果我们同时考虑这 6 个问题就会手忙脚乱，顾此失彼。"六项思考帽"要求我们在同一时间只做一件事，从一个角度进行思考就容易多了。我们想知道某件事的相关信息，那么就戴上白色思考帽；我们想表达自己的直觉对那件事的看法，那么就戴上红色思考帽；我们想找出事情的潜在危险，那么就戴上黑色思考帽；我们想知道事情有哪些价值，那么就戴上黄色思考帽；我们想寻找新的思路和解决问题的新方法，那么就戴上绿色思考帽；最后，我们戴上蓝色思考帽从宏观上来把握各种因素，就对我们要处理的事情有了公正的看法，从而做出正确的决断。

也许你已经看出来了，6 项思考帽可以分为 3 对：白色和红色，黑色和黄色，绿色和蓝色。这两两对立的 3 对思考问题的方向可以把问题考虑得很周全，并且达到了相互平衡的效果。当我们在使用黑色思考帽的时候可以毫无顾忌地提出种种不利因素，不要担心会把事情弄糟，因为有黄色思考帽来平衡那些不利，最后还有蓝色思考帽做出公正的裁决。

这种模式的思考方法在研讨会上非常有效，它要求在会议中的任一时刻，每个人都戴上同一种颜色的思考帽，从同一个角度来看待问题。

每个人都朝着同一个方向努力，这样就可以把团队所有人的知识、经验和智慧集中起来，发挥最大的效力。这种思考方法可以避免人们像盲人摸象一样只看到问题的一个方面就固执己见，和别人发生不必要的争执，浪费时间还解决不了问题。实践证明，六顶思考帽思考法可以节省一半以上的会议时间。

案例：如何看待超市对购物袋收费这件事？

●白色思考帽

超市行业包装袋的年消耗额高达 50 亿元，一家营业面积在 8000 平方米左右的大型综合超市每年用 40 万元购买购物袋。

北京市的塑料袋的年使用量达 51.95 亿个，重达 1.7 万吨。相关测算表明，如果有偿使用，超市购物袋使用量将下降一半以上。

塑料袋的材料是聚乙烯，两三百年也不会解体，并且会不断散发有毒气体。

环境与发展研究所进行的民意调查显示，将近 99% 的被调查者认为，人们应该减少使用塑料袋以减少白色污染。有 65% 以上的人同意对塑料袋的使用收费或上税。

据已实施了"有偿使用塑料袋"的麦德龙超市介绍，目前麦德龙的顾客中，购买塑料袋的顾客约占 8%。

很多超市把顾客的商品进行分类包装，一次购物往往会用三四个塑料袋。极少数的顾客自备购物袋。

●红色思考帽

超市真的关心环保吗？他们为了赚钱。

每个塑料袋收费 2 角，太贵了。

我不觉得塑料袋会污染环境，媒体宣传得太夸张了。

我已经习惯免费的购物袋了，接受不了。

我宁可花钱，也要用塑料袋。

●黑色思考帽

不用塑料袋不方便，用的话还要花钱，总之会有负面影响。

顾客会产生抵触心理。

超市会流失大量顾客。

●黄色思考帽

促使人们自备购物袋，减少白色污染。

激发人们的环保意识。

可以让人们养成节约的习惯。

超市可以节省开支、增加利润。

●绿色思考帽

超市应该免费提供可降解塑料袋或其他无污染的替代品。

超市为了鼓励顾客不用购物袋，可以回馈给那些自备购物袋的人几角钱。

超市应该销售可重复使用的布袋或纸袋。

●蓝色思考帽

确定白色、红色、黑色、黄色、绿色这个讨论顺序，并规定每个思考帽使用时间为5分钟，可以适当延长。

每使用完一种思考帽之后做一个小总结。比如，戴上白色思考帽思考之后得出一个结论：塑料袋不但污染环境，而且浪费钱财，大部分人赞成收费。

适时宣布更换思考帽。比如，当人们用太多时间使用红色思考帽的时候，及时宣布摘下红色思考帽戴上黑色思考帽。

最后从宏观上分析议题：理智上大家都赞成收费以利于环保，但是情感上难以接受，超市应该以人为本，想想别的途径而不是用收费的方式来控制塑料袋的使用。

注 意 事 项

1. 只有主持人才可以决定使用什么颜色的思考帽，任何成员不允许随意更换思考帽，那样会引起争论。

2. 请不要把人们按照思考帽进行分类，思考帽是用来指引思考方向的，每个人都可以而且应该戴不同颜色的思考帽来思考问题。

3. 遵守游戏规则，完全按照思考帽所代表的思考角度来思考问题，不要有顾虑。

4. 一个人不能同时戴两项思考帽，一个团体中不能有两个人戴不同颜色的思考帽。这样会引起混乱，失去六项思考帽的意义。

5. 把每个人的发言设定在较短的时间之内，必要的时候可以延长。

开动 你的脑筋

请用六项思考帽来思考允许大学生在校结婚这一问题。

1. 白色：_____

2. 红色：_____

3. 黑色：_____

4. 黄色：_____

5. 绿色：_____

6. 蓝色：_____

白色思考帽

白色思考帽的思考角度是搜集并展示客观的事实和数据。

戴上白色思考帽，我们的大脑就类似于一台电脑，搜索与某个问题相关的所有信息，然后把信息显示在屏幕上，不掺杂任何情感因素。想象一下，如果电脑也有感情，它对你提出的问题有一套自己的看法，并用事实和数据来支持它的观点与你进行争论，那将是多么恐怖的事啊！

我们应该客观地将事实摊在桌面上，中立地对待所有信息，排除个人感觉、印象等情绪化的判断。戴上白色思考帽的目的是获得纯粹的实情，而不是证明自己的观点，因此不要只选择对自己有利的信息，也不要害怕信息间发生冲突。

白色思考帽通常用于思考过程开始和结束的时候。当我们面对一个问题时，如果不了解相关信息，只能受过多的主观因素的影响，结论肯定会有失偏颇。所以，思考问题的第一步就要用白色思考帽搜集信息，准备一个思考的背景。在思考过程结束的时候，我们可以用白色思考帽做一下评估，看看我们得出的结论与已有信息是否相符。

在你戴上白色思考帽之前，先问问自己你是想证明自己的观点，还是想获得事实？这是律师和法官收集信息的不同出发点。律师们想尽办法证明自己的观点是正确的，他们只接受对自己有利的信息，排除对自己不利的信息；法官则采取中立的立场，收集投诉方和辩护方提供的所有信息，然后做出公正的裁决。我们戴上白色思考帽之后就要像法官一样公正，正面和反面的信息都要搜集。

用白色思考帽搜集信息不仅要全面，而且要丰富，大量的信息才有说服力。另外，白色思考帽搜索到的信息是我们进行归纳结论的前提，必须透过大量信息才能得出具有普遍意义的结论。使用白色思考帽的意义在于先绘制"地图"，让到达目的地的路径自己显现出来。只有搜集到大量的信息，才能使地图完整、清晰地展示出来，人们才能清晰地看到自己该走的道路。

如果信息太多，我们就会湮没在信息里分不清主次，得不出结论。我们应该用集中式提问的方法获得所需要的信息，以填补资料的空缺。

哪些信息是至关重要的？

哪些信息是已知的？还需要哪些信息？

怎样获得我们所需要的信息？

这些问题是白色思考帽需要考虑的，否则我们就会眉毛胡子一把抓，得不到真正有价值的信息。

比如前面的思考题：如何看待允许大学生在校结婚？要解决这个问题，我们需要哪些方面的信息呢？在校大学生结婚的人数、已婚大学生的生活和学习状况、法律的相关规定、学校的相关规定、相关专家和社会大众对这一现象的看法、在校大学生对这个问题的看法、在校大学生中有多少人赞同或反对……

在会议上，我们需要把自己知道的信息表达出来，但是在表述客观的事实和数据的时候，往往会掺杂自己的主观看法，使信息失真。所以，在表述信息时，我们要注意避免对数据和事实进行解释。比如：

——调查显示，97% 的学生表示即使有了合适的对象，在校期间也不会结婚，因为大学生结婚的基础不稳固。

——请你戴上白色思考帽，事实是 97% 的学生表示即使有了合适的对象，在校期间也不会结婚，"结婚的基础不稳固"是你自己的观点。

也许有人会问，专家的意见和大学生的看法能算做客观的事实吗？用白色思考帽可以报告别人对事件的感受，这类似于法官听取陪审团的意见。关于这一点，爱德华·德·波诺建立了一个双层式的事实系统：第一层是被验证的事实，指的是可以被检验的事实和数据；第二层是被信仰的事实，指的是无法测量的别人的观点和情感。

被信仰的事实是有参考价值的，但是要与被验证的事实区分开。我们在搜集信息时可能会找到一些含糊的观点，比如有人想当然地认为"大学生结婚会影响学习"。这一点很重要，我们有必要继续寻找相关的信息来验证这种观点，把"被信仰的事实"提升到"被验证的事实"。

要想评价一项事实的真实性如何，我们需要按照真实程度对信息进行排列。

（1）绝对真实。

（2）总是这样。

（3）一般情况下是这样。

（4）大多数时候是这样。

（5）半数是这样。

（6）有些时候是这样。

（7）偶尔会这样。

（8）有可能会这样。

（9）从来没有这种情况。

（10）不可能出现这种情况。

白色思考帽并不是让我们只接受那些百分之百成立的事实，就整体而言，成立的信息也可以接受。假设我们发现"结婚的大学生中有80%的人成绩下降了"，那么我们就可以得出结论"大学生结婚会影响学习"。

白色思考帽就是让我们中立、客观地搜集事实和数据。思考者只有保持客观的态度才能找到更多更有价值的信息，为以后的思考提供依据。

红色思考帽

红色思考帽的思考角度是表达对事物的感性的看法，它是反映情绪和直觉的思考。

人们通常认为情绪化的和非理性的表达会扰乱思考，优秀的思考者应该冷静地权衡利弊，而不能受情感的左右，所以在一些正式的商业会议里，人们总是避免表达自己的情绪和感情。但是，无论如何回避，人类还是有感性的一面，只是人们把它伪装在了逻辑的里面。红色思考帽给人们提供了"合法"地表达情绪、情感的机会，这种疏导比压抑更有利于解决问题。

事实上，情绪是大脑正常运转的需要，是思考的一部分，任何思考都不能摆脱情绪的影响。情绪对思考的影响表现在 3 个方面。

（1）强烈的背景情绪会左右我们的思考。比如喜爱、怨恨、愤怒、恐惧、怀疑、嫉妒等等。这些强烈的情感会蒙蔽我们的眼睛，使我们很难做出公正的判断。戴上红色思考帽把这些情感表达出来，就可以让我们认识到自己现在的观点可能在很大程度上会受到情绪的影响。比如：

——我讨厌这个人，讨厌和他相关的一切。

情感的表达可以让我们更清楚地认识到事实的真相。比如，你因为嫉妒一个人而反对他升迁，当你表达出"嫉妒"这种情感的时候，也就承认了"他确实做得很好"。当然了，你没有必要把自己的嫉妒情绪公之于众，你可以选择委婉的表达方式。比如：

——我戴上红色思考帽发言：我反对他升迁，可能是我不喜欢别人升迁那么快。

（2）人们常常带着一种情绪对某个问题做出毫无根据的判断。也许这只是一种误解，但人们却被这一判断束缚住，影响以后的思考。比如，你认为自己被某人欺骗了，你就会对他产生敌意，否定他的观点；如果你认为某人所说的一切都是为了自己的利益，那么你就会对他失去信任。用红色思考帽可以一开始就把这种感觉表达出来，以免造成更深远的不良影响。比如：

——我戴上红色思考帽说：你在撒谎，事实并不是这样的。

（3）在思考结束的时候，我们做出任何决策最终都要诉诸情感。每一个决策都有一个价值取向，我们对价值的选择是很情绪化的。这时，我们要考察一下，是不是受到某种情绪的影响才做出了某项决定。比如：

——我的红色思考帽告诉我，为安全起见，我们应该放弃这个计划。

——我戴上红色思考帽说：为了获得更大的利益，我觉得冒险是值得的。

情感应该自然流露，每次都要戴上红色思考帽再表达情感，不是显得很做作吗？红色思考帽看似是多余的，其实不然，它可以让人们在片刻间转换情绪，而不让自己和别人受到情绪的影响。当你戴上红色思考帽表达了对某人的怨恨之后，摘下思考帽就可以让情绪平息，由此可避免争执和相互攻击。

任何思考的最终目的都是为了思考者本身利益的满足，但是在情绪的参与下，我们最终做出的决定可能会偏离自身的利益，甚至会损害自身的利益。比如，我们可能会因为对合作者的怀疑而放弃一次合作机会，我们可能会为了眼前的蝇头小利而破坏长远的计划。戴上红色思考帽思考可以让我们意识到我们在做决定的时候可能带有太多的感情色彩。

除了情绪之外，直觉和预感也适用于红色思考帽思考法。直觉指的是凭以往的经验对复杂问题进行的瞬间判断，这种瞬间判断虽没什么道理可讲，但是却不容忽视。常常听一些人说"我的直觉很准"，成功的科学家和企业家的直觉往往都很准。

一次，一位物理学教授把自己的一项研究成果拿给爱因斯坦看。爱因斯坦看了看最后的结论，说："你这个结论有错误。"那位教授很奇怪："您还没看我的推导过程呢，怎么知道我的结论有错误？"爱因斯坦说："正确的结论一般都很简单，而你的结论太复杂了。"教授不服气，回去重新推导了一遍，发现果然有错误。

看似神奇，其实正确的判断是建立在丰富的经验的基础上的。直觉虽然很有价值，但是我们不可以过于依赖直觉，它只是思考的一部分，我们应当把它看作一位顾问，参考它的意见。

主持人可以把大家对某一个问题的看法罗列出来，然后要求会议成员轮流戴上红色思考帽表达自己的观点。一旦主持人要求大家都用红色思考帽思考时，那么每个人都要表达自己的情绪化的观点，否则就是不遵守游戏规则。当别人让你用红色思考帽思考感觉一下某个项目的前景时，你不可以说"不知道"。可能你的态度是中立的或者你有多种感觉，但是这些都要表达出来。同样，你也可以直截了当地询问别人的感觉，而不用猜测了。

此外，红色思考帽还可以用来表达人们对会议本身的情绪，以调整会议的气氛，让讨论向更加有效的方向发展。

使用红色思考帽的意义在于让人们如实地表达自己的情感，而不是得出一个结论。因此思考者在表达自己的情绪和感觉时不需要理由和根据，也不用对自己的感觉进行解释和修正。何况也许在会议结束的时候，你的感觉已经发生了转变。

红色思考帽让每个人都有权利把自己的感情自由地释放出来，这让有些人误解了红色思考帽的意义，把它当作情感发泄的工具。实际上，红色思考帽更像一面镜子，会如实地把人们的复杂情感反映出来。

黑色思考帽

黑色思考帽思考问题的角度是用小心谨慎的态度指出任一观点的风险所在。为了避免潜在的危险、障碍和困难，为了避免浪费时间、精力和金钱，我们应该充分考虑不利因素。戴上黑色思考帽就是要把不好的可能性一一罗列出来。

哪儿不合适？

可能存在哪些困难和问题？

哪些东西与过去的经验不相符？

什么地方与法律、价值观、伦理规范不符？

黑色思考帽让我们把注意力集中在找出潜在的危险、困难和障碍，指出需要注意的事项以及某项计划与过去的经验、价值观、政策、战略等不相符的地方，提醒我们对一些问题保持警惕以保证我们不犯错。

黑色思考帽与红色思考帽表达观点的方式截然相反，红色思考帽完全是情绪化的表述，不需要任何理由，而黑色思考帽符合西方批判思想的传统。任何批判都要以逻辑为基础，任何否定都要有站得住脚的理由，没有根据的批判和否定不具有任何意义。比如：

——如果让张先生就任这个职位，我担心他会把事情弄遭。

——确实有这种可能，但是请你戴上黑色思考帽说说你的依据是什么？

我们在决定采纳一个意见之前，应该戴上黑色思考帽分析一下这个意见有哪些缺点需要克服？我们是否应该采纳这个意见？当某项计划出台之前，我们要戴上黑色思考帽想一想，有哪些问题和困难需要解决？我们是否应该实施这项计划？

不用担心黑色思考帽会否决所有的意见和计划，它只是一个参考因素，至于是否采纳、是否实行，还要经过综合思考才能做出决定。黑色思考帽指出潜在的危险，可以使这些意见和计划变得更完善。当大家对某件事的态度过于乐观的时候，我们需要戴上黑色思考帽，以免乐极生悲。比如：

——自从那项政策出台之后，我们的销售额直线上升，现在我们应该戴上黑色思考帽思考一下，有哪些地方需要小心。

——大家戴着红色思考帽思考时表现得兴高采烈，但是现在我们应该戴上黑色思考帽想想有哪些潜在的问题。

黑色思考帽的一个重要作用在于预测未来的风险。在采取某项计划、进行某个行动之前，用黑色思考帽预测一下潜在的风险是非常有必要的。尤其是一些大型的项目，如果不顾潜在的风险，盲目地采取行动就有可能造成重大损失。在采取行动之前，我们要戴上黑色思考帽问自己以下的问题：

如果我们按照这个计划行动，可能会有哪些不良后果？

我们忽视了哪些潜在的危险？

我们可能会在什么地方出错？

外界可能会有哪些对我们不利的举措？

黑色思考帽还可以对思考过程本身进行质疑，指出人们在思考中所犯的错误。这里也体现了黑色思考帽的逻辑性，如果思考过程有错误，那么得出的结论很可能也是不正确的。比如：

——从这些数据中并不能看出你所说的那种结论。

——你那么说的根据只是一个假设，而不是事实。

——这不是唯一的结论，还有其他的可能性。

戴上黑色思考帽时，我们要对事物保持批判和否定的态度。对某件事进行过度的批判可能会导致我们把时间都用来寻找错误，最后把所有的计划都否定了。这不是黑色思考帽本身的过错，而是滥用和误用黑色思考帽的过错。适当地使用黑色思考帽可以让我们少犯错误或者不犯错误。一个计划可能有 85% 是好的，那么在这个计划被采纳之前，用黑色思考帽关注剩下的 15%，可能会把那些错误修正过来。但是，如果在计划被采纳之后仍集中精力对那 15% 进行批判，就会阻碍计划的执行。

为了避免滥用黑色思考帽，主持人应该戴上蓝色思考帽限制大家用黑色思考帽的时间，在指定时间之外人们不能对任何观点进行批判思考。

戴上黑色思考帽的人常常提出这样的意见。比如：

——这种做法不合常规。

——这个结论与过去的经验不相符。

因为黑色思考帽的目的是小心谨慎以确保安全，"不合常规"和"与经验不相符"的事情确实不够安全。这时我们要考虑的问题是：过去的经验是否值得借鉴？现在的环境和过去的环境相比是不是发生了变化？

当大家戴上黑色思考帽思考时，每个人说的话都是对别人的怀疑和批判，因此很容易引起争论。争论是与六顶思考帽的规则相违背的，主持人应该维持秩序、避免争论，否则会失去黑色思考帽的价值。大家应该明白，黑色思考帽只是指出问题的潜在危险，虽然它提出了很多问题和困难，但这并不可怕，后面还有黄色思考帽指出希望和价值，还有绿色思考帽指出解决问题的办法。

在实际操作中，黑色思考帽是所有思考帽中使用最多的，也许是因为它可以教会我们更好地保全自己。戴上黑色思考帽的思考者必须小心谨慎地思考问题，而小心谨慎是生存的基础，也是成功的基础，因此可以说黑色思考帽是最重要的思考帽。但是如果把它当作唯一的思考模式，就会滥用黑色思考帽，破坏它的价值。

黄色思考帽

　　黄色思考帽的思考角度是用乐观、积极的态度指出任一观点的价值所在。

　　提到黄色，我们会想到阳光、乐观、积极向上。黄色思考帽就是一项让我们保持乐观的思考帽，戴上黄色思考帽的思考者应该尽力指出任何一个观点的价值，尽力把任何建议付诸实践。这要比戴上黑色思考帽困难，因为人们有躲避危险的本能，对可能存在的危险非常敏感，但是对可能存在的价值却比较迟钝。黄色思考帽可以培养我们对价值的敏感，引导我们花时间去寻找价值。

　　在会议上，人们会提出很多建议，其中不乏出色的建议。遗憾的是，就连那些提出建议的人都意识不到自己所提的建议的价值。戴上黄色思考帽之后，价值立刻就显现出来了，甚至一些看起来很糟糕的建议也有很高的价值。

　　和黑色思考帽一样，黄色思考帽发表意见的时候也要有站得住脚的理由，肯定任何价值的时候都要有根据，因此戴上黄色思考帽要问自己以下的问题：

　　有什么价值？

　　对谁有价值？

在什么情况下有价值？

价值如何体现出来？

还有别的价值吗？

任何事物都有积极和消极两个方面，黄色思考帽让我们把注意力集中在所有情况的积极一面，这也叫作"正面思考"。正面思考让我们追寻利益、渴望成功，这种思考模式会指引我们的未来向好的方向发展。

我们做某事是因为它值得去做，黄色思考帽的意义就在于肯定某件事的价值。

大部分人没有积极思考的习惯，他们只在看到某件事对自己有利的情况下才会肯定它的价值。黄色思考帽让思考者在看到对自己有利的一面之前就采取积极的态度，还可以使思考者避免陷入消极的态度中，全面地看待问题。比如：

——关于这个问题我不想听到消极或中立的观点，请戴上黄色思考帽说说你的看法。

——你所说的潜在危险确实存在。现在请戴上黄色思考帽说说你对这个计划的意见。

——我的黑色思考帽告诉我，竞争对手进入我们的市场会侵占我们的市场份额。但是，从黄色思考帽来看，这能让更多的消费者了解这种产品，对我们也是有好处的。

只要试一试，你就会发现戴上黄色思考帽来发表意见并不是一件容易的事情。有些人戴上黄色思考帽之后，实在找不到什么正面的意见可说。有些人可能觉得大家冥思苦想找到的"价值"根本没有什么价值。这确实让人沮丧，但是请不要因此就否定黄色思考帽的价值。爱德华·德·波诺说："黄色思考帽是所有思考帽中最有价值的，它促使人们花时间去寻找价值。"一开始我们看不到事情有什么价值，这并不奇怪，因为价值和利益并不是随处可见的。只有经过一段时间的训练之后，我们才能像那些大企业家一样独具慧眼。

戴上黄色思考帽后不要过分地乐观。为了避免乐观变成愚蠢，爱德华·德·波诺提出了"正面光谱"：从过分乐观的极端到逻辑上的可操作性。乐观的态度是盲目还是实际，关键还在于是否付诸行动。比如：

——如果我们加大广告的宣传力度，就能获得更大的利润。让我们试试看吧！

——这个政策的出台可能会给我们带来机遇，虽然未必如此，但是我们一定要有所准备。

我们有必要对乐观的程度做一个划分：

1. 绝对会有好的结果

2. 很有可能会有好的结果

3. 可能会有好的结果

4. 一般

5. 有点儿希望

6. 希望渺茫，但是有可能

即使是看似渺茫的希望也应该被提及，有希望就有可能获得成功。比如：

——这次比赛高手云集，我获胜的希望很小，但我要试一试。

——这个古董店规模很小，好像没什么值钱的东西，但是还是看看吧，说不定有意想不到的收获。

黄色思考帽指引我们寻找价值，它可以化腐朽为神奇。黄色思考帽所提出的如果没有依据，那只能算做直觉和预感。戴上黄色思考帽之后，你必须尽力对自己的乐观做出解释，与黑色思考帽不同的是，即使你的理由站不住脚，你的建议也可以被考虑。这种解释只是用来强化这一建议，因为黄色思考帽允许梦想的存在。

黄色思考帽思考法是建设性思考，黄色思考帽下的思考者可以提出提案或建议来解决问题，或者对提案和建议积极评估，或者对某项计划进行改进，最终目的是把事情做好，带来正面的利益。比如：

——请戴上黄色思考帽，针对这个问题提一些具体的建议。

——你用黑色思考帽指出了这项计划的弱点，那么现在请用黄色思考帽想想有什么改进的办法。

黄色思考帽的一个重要任务就是寻找潜在的价值和利益。比如，那些建筑商和证券商对潜在的价值有强烈的感觉，一旦他们看到端倪就会朝那个方向发掘。这种对价值的前瞻性思考实际上是"逼迫"人们寻找机会。比如：

——就目前的形势来看，东部郊区的地皮在最近几年之内会大大升值。

——请戴上黄色思考帽想一想，如果我们开发这个项目前景怎么样？

寻找机会的另外一个方式是对未来的假设，假设某些情况改变之后会发生什么对我们有利的事情，戴上黄色思考帽之后我们可以进行这样的假设。比如：

——如果竞争对手被迫选择退出，那么我们就能独占这一地区的生意。

黄色思考帽可以让人们对未来产生美好的幻想，并付诸行动，向那个方向努力。

人们可能误认为黄色思考帽需要很好的创造力。其实，创造力是绿色思考帽的思考者应该拥有的。黄色思考帽的思考者只需要持有乐观积极的态度，而并不需要你特别聪明。绿色思考帽要求你给大家带来惊奇，而黄色思考帽要求你给大家带来效果。

绿色思考帽

　　绿色思考帽的思考角度是运用创新思维提出新观点。

　　提到绿色，我们会联想到草木在春天长出的嫩芽。绿色思考帽就是一顶充满生命力的思考帽，它让我们超越常规的思维模式，寻找新的解决问题的方法，探索更多的可能性使事情得到更好的解决。戴上绿色思考帽之后，每个人都要扮演创造者的角色，都要从旧观念中跳出来，努力提出新想法，或者对已有的意见进行修正和改进。比如：

　　——你说的是常规的办法，请戴上绿色思考帽思考一下，还有没有其他的办法。

　　对大多数人来说，提出创造性的意见并不容易，因为我们习惯了已知的、一般的规则，本能地会对不符合常规的事物进行批判，而创造性思考伴随着刺激和冒险，而且会带来无法预测的结果。

　　戴上绿色思考帽未必就会有所收获，但是你花越多的时间进行创造性思考，就越有希望找到解决问题的办法。如果我们放弃这种努力，就根本不可能有收获。绿色思考帽的作用就在于提醒我们花时间去寻找新的点子。

　　我们思考问题时习惯对一个观点做出判断：这个建议合理吗？这种说法与过去的经验相符吗？戴上绿色思考帽之后，我们要摒弃这种想法，用"发展"代替判断。所谓"发展"，就是相对过去要有所进步，比如：

——戴上绿色思考帽想想，如果我们开发一种能够把自来水净化的水杯，会有什么进步？

戴上绿色思考帽后提出的想法并不一定是可行的。我们可以把它看作过河的踏脚石，摸索出一条路；或者把它看作一粒种子，需要我们的悉心栽培，才能长成大树。

在绿色思考帽的保护下，当你提出一个建议的时候，戴黑色思考帽的就不能对它进行攻击，不管你的建议看起来多么疯狂。比如：

——污染水源的化工厂应该建在一般工厂的下游。

这是不是很荒谬？记住，绿色思考帽的意义在于发展而不是判断。我们可以发展一下这个建议：强制工厂建在河流的下游，它必须使用排出的污水，从而明白污染环境的恶果。

人们已经总结了很多创新思维的方法，比如逆向思维、联想思维等等。只有不断创新才能更好地解决问题。戴上绿色思考帽，你可以从以下几个角度进行创造性思考：

先设想一个结果，然后为它寻找理由。比如，我们先设想每个想获得升迁的人都穿上黄衬衫，然后再想这么做有什么好处。

随意选择一个出发点，然后联系主题寻找思路。比如，把香味作为出发点，联系电视这个主题，有人发明了能够散发香味的电视机。

提出不合逻辑的假设，然后对它进行改进。比如，买东西的时候，商场付钱给消费者。看似不合逻辑，但是把这种假设改进之后就出现了"返券"、"返现金"等活动方式。

在生活中，我们解决了一个问题后就不再想它，因为人们太容易满足了。数学题一般只有一个答案，但是生活中的问题可能有多种答案，如果我们换一种方法解决问题，可能会有更好的结果。如果时间紧迫，我们只能选择第一个答案，但是如果时间允许，我们就有必要寻找多种答案，然后选择最好的一个。现在，我们可以把绿色思考帽看作在地图上寻找多种出路，最终选择最近的一条。

戴上绿色思考帽之后，我们必须承认解决问题的办法不止一种。如果我们只想到了一两条出路，那么最近最好

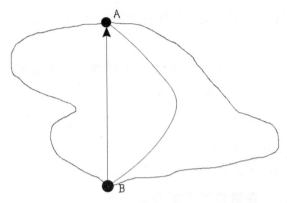

■从 B 点到 A 点可能有多条路可以走，但是有一条（带箭头的）是最近的路。

走的那条路就很可能被我们忽视了。比如：

——价格策略只有降价、涨价和不变这 3 种可能。

——我戴上绿色思考帽，认为我们可以对这 3 种策略进行改进。我们可以加量不加价，或者通过折扣的方式让利，或者部分产品降价，部分产品涨价。

有些人总是试图超越限制，不在既定的范围内解决问题。有时，他们为了炫耀自己的创造力，即使在没有问题的时候，他们还是不断提出一些稀奇古怪的想法。比如：

——你问我从陆地上走哪条路线比较合适，我戴上绿色思考帽告诉你，最好还是走海路。

——尽管大家已经提出了很多意见，现在我戴上绿色思考帽说，关于这个问题我又有了一个新的想法。

什么时候要在既定范围内搜寻解决问题的办法，什么时候要换一个角度，这要求主持人戴上蓝色思考帽从宏观上进行把握，适时地让思考者回到既定的思考范围或者提出"创意暂停"。

在会议上我们得到了很多有创意的想法，但是在最后的总结中我们总是关注最佳方案，忽略了那些"荒谬"的、"不可行"的方案，这

就造成了意见的流失。爱德华·德·波诺为此提出了"收割"意见的方法。为了使意见能够被接受，我们要对意见进行合理化修改。比如：

——这个意见虽然不错，但是和法律有冲突，我们是不是可以把它修改一下，让它符合规定。

——开发这种产品很可能给我们带来利润，但是对我们这个小公司来说造价太高，让我们戴上绿色思考帽想想，能不能让花费少一点。

此外，我们还应该使建议符合采纳建议的人和执行建议的人的口味。比如：

——这个想法的危险性太高了，我们戴上绿色思考帽想一想可以采取哪些安全措施来改进这个想法。

创造力是思考的关键部分。很多人认为自己不善于戴上绿色思考帽思考，其实创造性思考是可以通过训练获得的，绿色思考帽使用得越多，你的创意也就越多。绿色思考帽让我们把注意力集中在提出新观点和新方法上，这在无形中加强了思考者的创造力。

开动你的脑筋　这3块木板（红色）的长度不够连接相邻的两根柱子（紫色）。如果你想要脚不沾地地从一根柱子到达另一根柱子，应当怎样布置这些木板？（答案见附录。）

蓝色思考帽

蓝色思考帽的思考角度是对思考过程和其他思考帽的控制和组织。

提到蓝色，我们会联想到广袤的天空和广阔的海洋。蓝色思考帽的意义在于总揽全局，可以说蓝色思考帽是对思考的思考。在会议开始的时候，主持人应该运用蓝色思考帽把需要解决的问题描述出来，指出思考的目标和预计的结果。然后，安排其他思考帽的使用顺序。在会议过程中，蓝色思考帽要控制其他思考帽的运用，保证每个人按照各个思考帽的思考角度进行思考。此外，它还可以宣布更换思考帽。在讨论结束的时候，蓝色思考帽还负责进行总结，做出决定。一般由主持人戴上蓝色思考帽，但是主持人也可以要求与会人员戴上蓝色思考帽提出建议。

蓝色思考帽给人们指明了思考的方向，从而让他们能够进行步调一致的思考。蓝色思考帽对于个人的单独思考同样适用，它让我们的思考有系统、有组织，这样的思考过程更有效率。比如：

——现在，我戴上蓝色思考帽宣布这次会议的议题是"如何面对竞争对手降价"。

——在思考过程中，我们使用思考帽的顺序为白、红、黑、黄、绿。

——请大家戴上白色思考帽思考，给我一些这方面的事实和数据。

在某一顶思考帽的思考模式下，蓝色思考帽有权要求插入另一顶思考帽。比如：

——我们应该停下来戴上红色思考帽，表达对这个建议的感觉。

——我们对情绪的表达已经够多了，现在请大家戴上黑色思考帽想想有哪些潜在的危险。

此外，蓝色思考帽还可以组织思考的其他方面，提醒大家在思考的过程中需要注意的事项或者限制条件。

同时，在思考的过程中，蓝色思考帽负责确定思考的问题，然后把大家的注意力集中起来，共同解决这一问题——这样可以避免跑题。比如：

——让我们把精力集中起来，思考客流量减少这个问题。

——我们已经跑题了，请大家回到我们今天的主题上。

使大家集中注意力的最重要的方法是提问，戴上蓝色思考帽者要掌握提问的技术。首先，要清楚地定义问题，否则得到的答案将会不合要求。提问之前应该问问自己：这是关键问题吗？解决这个问题很重要吗？还有没有潜在的问题？其次，要掌握提问的技巧。一般人们采用两种提问方式，一种是钓鱼式提问，也叫作开放式提问，你不知道会得到什么答案。比如：

——请戴上黄色思考帽告诉我，这么做有什么好处？

另一种是射击式提问，也叫作封闭式提问，答案非此即彼。比如：

——以目前的形势来看，我们应不应该开拓海外市场？

一般来说，先选择白色思考帽搜集所需要的信息来绘制地图，然后用红色思考帽表达自己的感觉。如果大家对讨论的主题有强烈的感觉，那么可以先用红色思考帽来表达感觉，以免在表述信息时受主观情绪影响。

接下来，可以用黑色思考帽和黄色思考帽提出自己对问题的判断和建议。一般我们把黄色思考帽放在后面，为的是得出建设性的意见。然后，蓝色思考帽把需要解决的新问题提出来，让绿色思考帽寻找新方法。在这个过程中，白色思考帽可以随时穿插进行补充说明。

通过绿色思考帽得到一些方法之后，我们要用黄色思考帽对它进行正面评估，用黑色思考帽对它提出质疑、进行筛选。然后，黄色思考帽和绿色思考帽对黑色思考帽提出的意见和问题进行修正和改进。黑色思考帽进一步指出缺陷，预测潜在的风险。这时，整个讨论过程就结束了，蓝色思考帽综合参考所有意见确定有哪些可行的方案。

下一步，用红色思考帽对选择和决策表达自己的感觉。最后，蓝色思考帽再次权衡黄色思考帽和黑色思考帽的意见做出最终的决策。这个过程看似复杂，其实在实际操作过程中，这些步骤都是很自然的。

蓝色思考帽贯穿思考过程的始终。戴着蓝色思考帽的思考者认真观察讨论经过，评论他观察到的一切并随时概要地说明讨论结果。比如：

——我们花了太多时间讨论这个问题，表示这是一个很难解决的问题。我已经做了记录，稍候再探讨。现在我们要换一个问题。

——我戴上蓝色思考帽对目前的讨论结果做出以下总结，大家看看有没有遗漏的地方。

会议结束的时候，蓝色思考帽还要做出总结和决策，这时每个人都要戴上蓝色思考帽对会议的成果进行评论。需要注意的是，在会议进程中，每个人都可以发挥蓝色思考帽的功能。

蓝色思考帽的重要职责在于监督大家遵守规则，戴上一顶思考帽之后就要按照那顶思考帽所要求的思考角度进行思考。比如：

——现在大家在用白色思考帽思考，请你不要掺杂自己的情绪。

——对不起，我们现在用黄色思考帽思考，而你所说的是黑色思考帽的意见。

蓝色思考帽的另外一个职责是避免发生争论。当出现不同观点的时候，蓝色思考帽可以要求双方提供白色思考帽的资料来支持自己的观点，或者暂时搁置起来稍候再验证。当出现不同的想法和意见的时候，可以假设两者都是正确的，然后看哪一种情况更接近现实。

"磨刀不误砍柴工"，花时间组织思考绝对不是浪费时间。蓝色思考帽是六顶思考帽的灵魂，它的存在保证了"六顶思考帽"这种思考模式顺利有效地进行。

第四章

倒转思考法

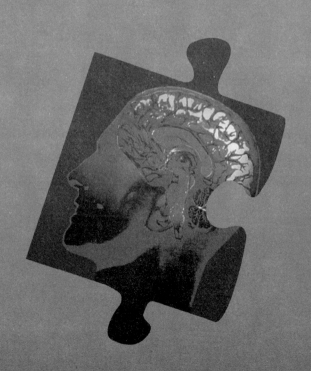

第 一 节

什么是倒转思考法

倒转思考法又叫逆向思维法，是指从思考对象的反面或侧面寻找解决问题方案的思考方法。这种思维方法最初由哈佛大学教授艾伯特·罗森和美国佛蒙特州投资顾问汉弗莱·尼尔共同提出，他们把这种思维方法表述为："站在对立面进行思考。"

请你做一下这个思考题：

有4个相同的瓶子，怎样摆放才能使其中任意2个瓶口的距离都相等呢？

如果让4个瓶子全部正立着摆放，你将永远找不到方法。把1个瓶子倒过来试试，想到了吗？把3个瓶子放在正三角形的顶点，将倒过来的瓶子放在三角形的中心位置，这时你制造了很多个等边三角形，任意2个瓶口之间的距离都是正三角形的边长。

没有人规定一定要把瓶子正立摆放，但是很少有人想到把瓶子倒过来。因为人们习惯于沿着事物发展的正方向思考问题，并寻求解决问题的方法。但是，有时候按照传统观念和思维习惯思考问题你会找不到出路，百思不得其解。这时你可以试着突破惯性思维的条条框框，从相反的方向寻找解决问题的办法。

倒转思考法就是让我们打破常规思维模式的束缚，对思考对象进行全面分析，细致地了解思维对象的具体情况。此外，进行倒转思考的人还要有敢于冒险、勇于创新的精神。

运用倒转思考法，我们可以注意并思考问题的另一方面，从而深入挖掘事物的本质属性，这有助于开拓新的解决问题的思路。日本丰田汽车公司的创始人丰田喜一郎曾经说："如果我取得一点成功的话，那是因为我对什么问题都倒过来思考。"倒转思考法的作用可见一斑。

北宋灭南唐之前，南唐每年要向北宋进贡。有一年，南唐后主李煜派博学善辩的徐铉为使者到北宋进贡。按照规定，北宋要派一名官员陪同徐铉入朝。但是朝中大臣都认为自己的学问和辞令比不上徐铉，大家都怕丢脸，没人敢应战。

宋太祖很生气，他也不想随便派个人去给朝廷丢脸。后来，他想了一个办法：让人找了 10 个魁梧、英俊、不识字的侍卫，把他们的名字呈交上来。然后，宋太祖找到一个比较文雅的名字，说："此人堪当此重任。"大臣们都很吃惊，但是没人敢提出异议，只好让大字不识的侍卫前去接待徐铉。

徐铉见了侍卫先寒暄了一阵，然后滔滔不绝地讲起来。但是不管他说什么，侍卫只是频频点头，并不说话。徐铉想"大国的官员果然深不可测"，只好硬着头皮讲。可是一连几天，侍卫还是不说话。等到宋太祖召见徐铉时，他已经无话可说了。

宋太祖就是利用逆向思维来应对南唐的进贡官员的。按照正常的逻辑思维，对付能言善辩的人应该找一个更加善辩的人，但是宋太祖却找了一个不识字的人，取得了意想不到的效果。因为徐铉是按照常规的思维方法来想问题的，他认为宋朝一定会派一个数一数二的学者来接待自己。面对不说话的侍卫，他猜不透，但又不敢放肆，结果变得很被动。

1935 年之前，英国出版商出版的书大部分是精装书。他们有充分的理由这样做：印在铜版纸上的字看起来比较舒服，大篇幅的图片也更加吸引人，大块的空白使读者省去了许多时间。更重要的是，读者基本都是贵族——他们有的是钱，并且精装书能够帮助他们展现自己与众不同。出版商靠精装书赚了不少钱，他们的思路是把书做得更加精美，从而把价钱定得更高。

1935年，艾伦·雷恩开创了企鹅出版社。他是一个喜欢特立独行的人，当别的出版商力求把书做得更加精美的时候，他准备出版以前从来没有出现过的平装书，每本只卖6便士——相当于一包香烟的价钱。

书商觉得太荒谬了，纷纷置疑："连定价7先令6便士都只能赚一点钱，6便士怎么能赚钱？"很多作者也担心自己赚不到版税。只有伍尔沃斯公司赞同艾伦·雷恩的做法，但这是因为他们店里只卖价格在6便士以下的商品。

出乎人们的意料，那套售价6便士的企鹅丛书一经出版后，立即受到了读者的一致好评，人们争相购买。事实上，也正是出版平装书籍让企鹅公司在日后成为一个大品牌，艾伦·雷恩成了英国出版史上的一位鼎鼎大名的人物。

传统观念认为图书装帧越精致才能卖高价，只有卖价越高才会越赚钱；艾伦·雷恩反其道而行之，出版朴素的平装书，把价格降到最低，这正是对倒转思考法的运用。结果证明他的选择没有错。

逆向思维的应用在现实生活中具有重要的意义。运用逆向思维可以让你突破对事物的常规认识，创造出惊人的奇迹。当你向前走找不到出路的时候，当你需要寻找新颖独特的解决问题的方法的时候，当你希望突破常规思路时候，就可以回过头来往相反的方向试试。

倒转思考法是一种科学的思维方法，我们可以把条件、作用、方式、过程、观点、属性和因果倒转过来思考，还可以把人物、情景、结果颠倒过来思考。在以后的章节，我们将具体地介绍这些倒转思考的方法。

 司机将汽车发动起来，轮子也动了，可是没有前进一步，为什么？（答案见附录）

第二节

倒转不需要条件

　　有一位哲学家曾经问过这样一个问题：你敢把我们的地球倒过来吗？结果没有人回答这个问题。他们担心地球倒过来会让我们掉下去吗？后来，人们发现——把地球倒过来，地球还是那个地球。

　　事情怎么可以随便倒转呢？人们总是担心运用倒转思考的时候，会从地球上掉下去。这种担心可以理解，因为倒转思考就是一种违背常理的、不合逻辑的思考方法，它指引我们走向一条陌生的思路，让我们心里没底儿：这样做能解决问题吗？

　　事实上，我们把问题倒转过来思考往往能柳暗花明，找到新的出路，尤其是那些用常规方法解决不了的问题，从反面探究反而能够得到出人意料的结果。尽管运用倒转思考法显得不合逻辑、不切实际，但是事实证明很多优秀的创意都不是从正面出现的，而是从反面出现的。

　　大石先生在本州岛库罗萨基市盖了一座旅馆，但是由于本州岛气候不好而且经常地震，到那里旅游的人并不多。大石在濒临破产的时候找到一位心理学家请教解决问题的办法。心理学家告诉他："人们因为害怕地震而不敢在你那里住宿，你何不倒转一下思路，建造一个岌岌可危的房子，既能提醒人们时刻防震，又可以满足游客的好奇心。"

　　根据心理学家的建议，大石设计了"倒悬之屋"——屋顶在下，屋基在上。不仅倒悬，而且倾斜，外表看起来给人一种摇摇欲坠的感觉，走进房间，你会感到天旋地转，仿佛置身于颠簸的船舱之中。室内的装潢也给人不稳定的感觉：房间内安放着锯断腿脚的桌凳，倾斜地固定在"天花板"上。种植着各式花卉盆景的陶瓷罐也被固定在"天花板"上。坐在椅子上抬头望去，地板倒置在屋顶。更让人叹为观止的是，旅馆的服务员都训练有素，她们能够在"天花板"上自由穿行，轻盈地为顾客端茶上菜。

这间奇异的"倒悬之屋"果然为大石招徕了不少顾客。如今，这家旅馆已经世界闻名了，慕名而来的世界各地的游客络绎不绝。

倒转思考还可以化废为宝，许多不利因素都可能从反方向给我们带来价值。比如防影印纸的发明就是一个很好的例子。

格德约本来是一家公司的普通职员，有一天他不小心把一瓶液体洒在了需要复印的重要文件上。他发现被污染的文字还很清楚，心想应该还能复印。结果复印出来的文件根本不能用，被污染的地方变成了黑斑，看不清字。这下他绝望了，但是他并没有沉溺在沮丧的情绪中，而是用倒转思考法来看待这个问题的。

他想到很多公司都为防止文件被盗印而发愁，这种液体正好可以解决这个问题，既不损坏原文件，又可以避免复印。由此，他发明了一种可以手写和打印，但是不能复印的防影印纸。随后，他创立了加拿大无拷贝国际公司生产防影印纸，产品供不应求。

倒转的目的就是要产生"疯狂"的情景，然后在"疯狂"的情景中找到新颖的解决问题的办法。不要在乎运用倒转思考法列出的情景不合逻辑、不切实际，而应该着眼于倒转之后能带来什么样的新想法。

当你想用倒转思考法的时候，并不需要为自己准备太多的理由，瞻前顾后反而会限制你的思路。要想发挥倒转思考法的作用，你还要有敢于离经叛道、承担风险和开拓创新的精神。

条件倒转

条件倒转是指将思考对象的相关条件进行反方向思考，利用反方向的条件寻求解决问题的新方法。事情的存在和发展都依赖于一定的条件，条件改变之后，就会引起事物本身的变化。当我们运用条件倒转思考法的时候，就会引发对问题的全新的认识，从而找到解决问题的新方法。

凡事都有利有弊，利用条件倒转思考法，我们可以把不利条件转变为有利条件。比如，狂风是一种灾害性的自然现象，把这种条件倒转之后，人们发现可以用风力发电；粪便堆积会散发出恶臭，让人们避之不及，但是把这一条件倒转之后，人们发现可以用粪便、杂草、秸秆、树叶等废弃物散发出的沼气发电。利用好事物的缺陷，往往能够化腐朽为神奇。

运用条件倒转，我们可以把困难的条件转化为发明创新的契机。业余发明家雷少云就是运用倒转的思维方式从困难的条件中寻找解决问题的方法，从而获得了很多发明创造。

雷少云在工作和生活中专门"听难声、找难事、想难题"。有一次，他听到油漆工人抱怨用直毛刷刷深圆管很难刷，而且费料。他便把这个困难的条件当作发明的机会，经过反复琢磨、不断试验，终于发明了一种圆弧形的漆刷。这种新型的漆刷松紧可调、使用方便，大大提高了油漆工人的工作效率。后来，他又加上了一种自动供漆系统，使操作更加方便。

有一次，雷少云乘坐一辆卡车去拉货。半路上卡车出了毛病，他看到司机爬到车下面去修，结果弄了一身土。他把这个难题作为一个激发点，想到如果发明一种可以灵活进退的平板车，人躺在上面修车就不会弄脏衣服了，还方便进出。于是，他发明了一种装有万向轮的修理车。这种修理车不但进出方便，而且装有升降装置、应急灯、伸缩弹簧挂，能够满足修车者的各种需要，很受司机的欢迎。后来，这种装置还应用在医院里，供卧床病人和行动不便的人使用。

在生活中，这样的难题随处可见，如果我们能够像雷少云一样仔细观察、认真分析，向困难条件提出挑战，就有机会创造出新的发明。

开动你的脑筋

在日常生活中，你是否曾运用条件倒转设想了几项发明创造呢？如果有，请写出来。

1. _____

2. _____

3. _____

作用倒转

作用倒转是指对事物的作用进行逆向思考，把负面作用变为正面作用，把某一领域的作用应用到其他领域，从而得出新颖独特的解决问题的方法。

人们一直认为儿童玩具一定要设计成美丽的、可爱的造型。直到有一天，美国的一位玩具设计师发现有几个孩子在玩一只奇丑无比的昆虫，并且玩得兴高采烈。玩具设计师由此想到并不是只有美丽的东西才能做玩具，于是他专门设计"丑八怪"系列的玩具，把美的作用倒转过来了。"丑八怪"玩具上市之后，很受孩子们欢迎。

作用倒转的另一层含义是通过使事物某方面的性质发生改变，从而起到与原来的作用相反的作用。每一种事物都有各自的作用，通过改变事物的性质、特点可使事物的作用发生改变。比如，一根长竹竿可以用做船篙，短一些的竹竿可以用做拐杖，再短的竹竿可以制成笛子。

对事物的某种作用进行倒转思考可以找到不利作用的有利之处，让那些大家本来认为没用的东西发挥积极的作用。

按照正常的思路，我们总是对事物的作用进行判断，这件事如果不能发挥积极的作用，它就会被"打入冷宫"，认为它毫无价值。事实上，任何事物都有它存在的价值，关键是我们能不能运用作用倒转思考法把事物的作用倒转过来，使负面的作用变为正面的作用。

有些化学试剂对玻璃的腐蚀性很强，比如氢氟酸，当氢氟酸与玻璃制品接触的时候，很快就会把玻璃腐蚀掉。因此，氢氟酸不能用玻璃容器盛放，必须放在塑料或铅制的容器中。

按照正常的思路，人们想的是尽量避免让氢氟酸和玻璃接触。但是当我们把这种作用倒转之后，就会发现其实腐蚀作用也有可取之处，比如在玻璃上钻孔，或者在玻璃上刻花。玻璃的质地很硬，只有用金刚石才能把它切割开，要想在玻璃上钻孔或刻花就更难了。而氢氟酸的腐蚀性恰恰满足了这一需要。玻璃工匠先将玻璃器皿在熔化的石蜡中浸泡一下，沾上一层蜡水。等蜡水凝固之后，用刻刀在蜡层上刻上所需要的花纹，刻透蜡层，然后在纹路中涂上适量的氢氟酸。等到氢氟酸的作用发挥完毕之后，刮去蜡层就可以在玻璃上看到美丽的花纹了。

人们总是习惯于约定俗成的规则，认为事物的特定作用是不可改变的。其实，只要积极思考就会发现有些事物的作用并不只局限于一个特定的领域。我们可以把作用倒转思维和发散思维结合起来应用。

这种作用倒转思考法可以把日常生活中各种事物的价值充分发挥出来。比如一个小金鱼缸，我们可以用来养鱼，也可以用来种花。倒转事物的作用之后，你就会发现很多废弃的"垃圾"也可以派上用场。

1974 年，纽约州政府装修了自由女神像。自由女神身上被换下来的旧铜块变成了垃圾等待处理。于是政府公开让商家投标收购，可是几个月过去了都没有人感兴趣。因为很多垃圾处理商考虑到纽约的环保分子太厉害，如果处理不当就会遭到投诉，所以不想找麻烦。

那时，有个在巴黎旅行的人在报纸上看到了这个消息。他从中看到了商机，特意飞到纽约去购买那些在别人看来是垃圾的旧铜块。他与纽约州政府签约，把那些"垃圾"都买了下来。然后，用来自自由女神像的旧铜块制造成了很多小小的自由女神铜像，当作纪念品出售。

经过加工之后的铜块，自然比垃圾有价值。重要的是，铜像的原料来自自由女神像，有很好的纪念意义，这就有理由比一般的纪念品卖更高的价钱。结果，这个点子带来了足足 350 万美元的利润。

　　很多看似有百害而无一利的东西经过作用倒转之后，就有可能发挥积极的作用。比如苍蝇生活在肮脏的地方，还会传播疾病，人们总是灭之而后快。运用作用倒转思考一下，我们想到苍蝇能在肮脏的地方生存，可见它抵抗细菌的能力很强，这会不会在医学上给我们带来某种启发呢？再比如乙硫醇是臭味极强的气体，在空气中的含量达到五百亿分之一就能被觉察出来。人们利用这个作用，把它加入无色无味的煤气中，以方便人们察觉煤气的泄漏。

开动
你的脑筋

　　空的饮料瓶随处可见。它除了被作为废品卖掉，还有其他的作用吗？想一想，将你的答案写在下面。

　　1. _____

　　2. _____

　　3. _____

　　4. _____

倒转人物

所谓倒转人物，就是倒转不同人物在事件中的身份，寻找隐藏在事物背后的潜在问题和引发事件的原因。倒转人物之后，我们能够得到一些以前从来没有过的思考角度，从这些思考角度出发可以揭示出隐藏在事情背后的可能原因，使我们进入到更宽广的思维空间。

在《心智漫游思考法》一书中，作者举了一个新闻事例来说明如何运用倒转人物的方法分析问题。

2006 年 5 月，在香港有一位大叔在公交车上大声打电话，坐在他后排的青年拍了拍他的肩膀示意他小声点，没想到那位大叔随即转过身对青年大骂，言辞非常激烈。后来，青年再三向大叔道歉，才使问题得到了解决。有人把这一场景偷拍了下来发布在网上，这个短片在香港引起了空前的轰动。

针对这一事件，我们运用人物倒转思考法把大叔和青年的身份倒转，看看会产生什么联想。如果青年在大声打电话，而大叔坐在他的后面会怎么样呢？我们假设大叔提醒他说话小声点，那么青年会有什么反应呢？他肯定会把声音降低而不是转头大骂。

此外，我们还可以把青年和公交车上的其他乘客倒转。设想一下青年是公交车上目击此事件的一名乘客，他会怎么样呢？他很有可能会制止事件的发生，因为他是一个"见义勇为"的人，很可能会充当调解者。一个潜藏的问题出现了，为什么发生争吵的时候公交车上的其他乘客坐视不理，这是不是反映了公众普遍性的道德缺失。由此我们想到，如果加强公众的道德意识，那么就不会有人高声打电话给别人造成骚扰，更不会有人在公交车上肆意骂战的事情发生了。

我们头脑里对什么身份的人应该有怎样的行为有固定的看法，倒转人物就是让我们遇到问题时不要被人物的身份束缚住。你可以随意打乱人物之间的关系，看看会发生什么。也许一些平时被忽略掉的问题就暴露出来了。当你作为局外人，把当事人双方的位置倒转之后，你会发现问题的根源究竟在哪里；当你把自己的身份与别人倒转之后，你会发现原来对他来说事情是另一番样子。

我们常常说要想更好地理解别人，就要学会换位思考，其实倒转人物也是一个换位思考的过程。对同一件事，立场不同的人会产生截然不同的看法。每个人想问题都是从自身利益出发，这样必然会和别人发生冲突。只有站在别人的立场上才能更好地理解别人的做法，只有深入体察别人的内心世界，才能真正做到与别人进行心灵的沟通。

当你觉得别人做错了的时候，将心比心，站在别人的立场上考虑一下，你会发现别人那样做有他的道理。当你觉得有人冒犯了你的时候，设身处地地为别人想想，你的心胸就会变得更加开阔，从而宽容对方。例如，某个城市的交通部门曾举行过这样的活动，让交警和司机互换位置。让那些对交警不满意的司机体验一下做交警的劳苦，让那些对司机满腹牢骚的交警体验做司机的苦处。结果，活动结束之后，交警和司机能够更好地互相体谅了。

"己所不欲，勿施于人"，设想一下如果自己处于对方的位置，你希望得到什么样的对待？如果你是老板，那么请多想想员工需要的是什么；如果你是员工，那么请多想想老板希望你怎么做。做父母的应该站在子女的角度想想子女真正需要的是什么；做子女的应该站在父母的角度考虑一下怎样做才能让父母高兴。

第 六 节

倒转情景

　　倒转情景就是要求我们在思考问题的时候，想象一下如果这个问题发生在别的情况下会怎么样，从而引发解决问题的新方法。一件事发生在不同的情景下，会有不同的结果。如果我们把思路限制在已知的情景当中，就很难有所突破。颠倒之后的情景能够让我们的思路变得开阔。

　　汽车只能在路上跑吗？如果把汽车开到水里怎么样？或者给汽车加上翅膀，让它在天上飞又会如何呢？

　　也许倒转情景之后，事情会显得很滑稽，但是这并不影响这种思考方法发挥作用。比如，汽车在水里跑，或者在天上飞，肯定会成为头条新闻。但是，我们并不把设计水陆空三栖汽车作为思考目标，而是把这个倒转情景作为一个刺激思考的契机。由此我们可以想到汽车如果开到水里，引擎就会遭到破坏，要解决这个问题我们可以考虑把引擎安在车顶上。这种设想是具有实际意义的，在水多的地区也许正需要这样一种把引擎安在车顶上的汽车。汽车要想在天上飞，必须要减轻重量。在陆地上的汽车是不是同样需要减轻重量呢？由此我们可以考虑把汽车设计得更加轻便、小巧。

　　倒转情景之后，我们就可以看到一些在正常情景中想不到的问题，从多个情景看待一个事件，从而对事件产生更加全面的认识。

　　比如，在前面我们提到的在公交车上吵架的案例，假设事件没有发生在公交车上，而是发生在私人场所，还会引起广泛的争论吗？这是不是告诉我们，人们很关注公共场所的道德问题。或者我们想象一下事件会不会发生在其他的交通工具上，比如在火车上是不是吵架的可能性要小一些，因为火车比公交车的私人空间要大一些；在飞机上根本不会发生这样的事，因为在飞机上不允许接打电话。

　　倒转情景思考法还可以帮助我们进行大胆设想，这在科学创造方面很有用武之地。比如，按照正常的思路，医生只能站在病人体外进行手术操作，但是倒转情景之后我们可以设想进入到人体内部进行手术操作。

　　1966 年，好莱坞制作了一部科幻电影《神奇旅行》，片中几名美国医生为了拯救一名苏联科学家被缩小成了几百万分之一，他们乘坐微型潜水艇驶进了科学家的体内进行血管手术。40 多年后，以色列科学家朱迪和萨马里亚学院科学家尼尔·希瓦布博士以及以色列科技协会科学家奥戴德·萨罗门共同发明了一种可以在血管中穿行的微型"潜水艇"机器人。这种机器人的直径仅 1 毫米，它可以被注射进病人的血管中，并在血管内穿行，为病人进行治疗。

　　这种微型机器人具有独特的本领，可以执行复杂的医学治疗任务。它还具有导航能力，既可以在血管中顺流前进爬行，也可以逆着血流的方向，在人体静脉或动脉中穿行。它外面还有一些"手臂"，可以在血管中旅行时抓住一些东西。有了这种微型机器人，就可以在人体最复杂的部位进行医疗手术了。这种微型机器人的发明者声称，它们可以被用来治疗癌症病人。许多不同领域的医学专家讨论过这种机器人，他们都相信它将派上大用场。

　　运用倒转情景思考法的时候，尽管进行大胆设想，不要因为倒转之后的情景是疯狂的、不合逻辑的，就放弃这种尝试。你尽可能地把常规的情景抛到一边去，进行随意的联想，然后在疯狂的情景中找到崭新的可行的解决问题的方法。

我们不仅可以进行不同地点的情景倒转，还可以在时间跨度上发挥想象。比如我们可以设想一下，某件事发生在古代会怎么样，或者发生在未来几百年之后会怎么样。

比如栽培蔬菜这件事现在的情景是有了塑料大棚栽培、无土栽培、气雾加温栽培、磁力栽培等技术，但是有农药残留的问题，不够健康。我们倒转情景想象一下古代的蔬菜栽培，是不是可以从中得到启发，更加注重绿色、健康和营养价值呢？或者，我们设想在未来 100 年之后的蔬菜栽培技术将达到一个什么水平，从太空中带回来的种子是不是可以像魔豆一般不断生长呢？

这些设想至少可以给我们一些启发，让我们的思路更加开阔。

开动
你的脑筋　　　将 6 枚邮票摆成两条线，使得每条线上有 4 枚邮票。你能在 3 分钟之内解决这个问题吗？（答案见附录）

第 七 节

方式倒转

方式倒转是指把处理问题的方式颠倒过来，从相反或相对的角度进行思考，寻求解决问题的新方法。

为了研制高灵敏度的电子管，需要在最大限度内提高锗的纯度。当时锗的纯度已经达到了99.99999999%，要想达到100%的纯度非常困难。索尼公司为了成为行业霸主，一直致力于这项研究。江崎玲于奈博士组织了一个研究小组，投入到这个科研攻关项目中。

大学刚毕业的黑田小姐是小组的成员之一，由于经验不足，她经常在做实验的时候出错，因此屡次受到江崎博士的批评。黑田开玩笑说："我才疏学浅，很难胜任提纯锗这种高难度的工作。如果让我做往锗里掺杂的事，我会干得很好。"这句话引起了江崎博士的兴趣，他由此想到如果往锗里掺入别的物质会产生什么效果呢？于是他真的让黑田小姐试着往锗里掺杂。当黑田把杂质增加到1000倍的时候，测定仪出现了异常的反应，她以为仪器出现了故障，便赶紧报告了江崎博士。江崎博士经过多次掺杂实验之后，终于发现了电晶体现象，并由此发明了震动电子技术领域的电子新元件。这种电子新元件使电子计算机缩小到原来的1/10，运算速度提高了十几倍。由于这项发明，江崎博士获得了诺贝尔物理学奖。

在日常生活和工作中很多事都是约定俗成的，具有特定的做事方法和准则。人们习惯于按照常规的方法处理问题，比如，既然我们的目的是提纯，那么就要想办法把杂质分离出来。如果往锗里添加杂质，那不是南辕北辙吗？但是，荒谬的、不合常理的做法却产生了意想不到的效果。江崎博士正是运用了方式倒转思考法，才取得了成功。

无论是在自然界还是在人类社会，任何事物都是一个矛盾统一体。有时人们所熟悉的只是其中的一个方面，事实上在对立面也许潜藏着没有被挖掘到的宝藏。运用方式倒转思考法就可以使对立面的价值显现出来。事物起作用的方式与事物自身的性质、特点、作用有着密切的联系，使事物起作用的方式倒转过来，就有可能使事物在性质、特点、作用等方面朝着人们期望的方向改变。

人们习惯性地认为从中药中提取有效成分必须采取热提取工艺的方法。但是，当研究人员用这种方法提取抗疟中药青蒿素的时候，总是得不到期望的效果。他们想了许多办法改良热提取工艺，还是起不到任何作用。后来，中医研究院的研究员屠呦呦经过反复思考之后，提出了一个大胆设想："用热提取办法得不到有效的药物成分，很可能是因为高温水煎的过程中破坏了药效。如果改用乙醇冷浸法这种新的提取工艺，说不定可以成功。"研究人员按照屠呦呦的提议进行实验之后，真的得到了青蒿素这种具有世界意义的抗疟新药。

不同的方式会对事物产生不同的作用。如果用正常的处理问题的方式不能解决问题，那么我们就要运用方式倒转思考法，考虑一下用相反的方式处理问题会发生什么。对事物起作用的方式改变之后，事物的结构就会发生相应的变化，也许让我们一筹莫展的问题就会迎刃而解。

大家都知道吸尘器的工作原理是把尘土吸到机器里面。但是，你知道吗？为了有效地把让人讨厌的尘土清除掉，人们最早想到的除尘机器是"吹尘器"，即用鼓风机把尘土吹跑。

1901 年，在英国伦敦火车站举行了一场用吹尘器除尘的公开表演。但是当吹尘器启动之后，尘土到处飞扬，效果并不令人满意。一个名叫郝伯·布斯的技师看到表演之后运用方式倒转的思考法想到：既然吹的方式不行，那么如果用吸的方式会怎么样呢？他并没有停留在设想阶段。回家之后，他用手帕蒙住口鼻，趴在地上对灰尘猛吸，果然有些灰尘被吸到手帕上了。

他发现用吸的方法比用吹的方法更有效，于是通过努力利用真空负压原理制成了吸尘器。

我们总是对一些问题的惯常的处理方式习以为常，甚至进而认为不可以改变。其实，如果把处理问题的方式倒转过来，也许能产生更有效的结果。

方式倒转思考法是一种非常有用的解决困难问题的方法。按照正常的思维逻辑来解决问题，有时会走入死胡同，无论怎么努力都不会有进步。这时如果运用倒转思考法，就可以打开另一条思路，从另外一个方向找到解决问题的方法。

开动 **你的脑筋** 　　瓶塞陷进了瓶口，没有办法拔出来。这时你能想到哪些办法把瓶子中的液体取出来呢？（答案见附录）

第八节

过程倒转

过程倒转就是将事物发生作用的过程颠倒过来，从而引发解决问题的新方法。把事物的发展过程倒过来思考，会刺激大脑产生很多新思路，促使我们寻求多种不同的可能性。过程倒转看起来确实不可思议，因此要想掌握这种思考法还需要有挑战常规思维模式的勇气。

抗日战争时期，敌人把一个小村庄包围了，不让村里的任何人出去。有座小桥是由村子通向外界的唯一通道，有伪军在桥上把守。村里的人想把情况向外界透露，但绞尽脑汁也想不出办法。

后来，村里的一个小八路说："让我试试。"这个小八路在黄昏时悄悄来到小桥旁的芦苇地藏了起来。在夜色的掩护下，他认真地观察小桥上的动静。不一会儿，有几个人从村外走来，他注意到守桥人在呵斥道："回去！回去！村里不让进！"看到这种情况，小八路心里有了主意。他又等了一会儿，敌人开始打盹了。这时，小八路钻出了芦苇地，悄悄上了小桥，接近敌人的时候他突然转身向村里的方向走去，并且故意把脚步声弄得很大。敌人听到后，大喊："回去！村里不让进！"说着跳起来追上小八路，连打带推地把他赶出了村庄。就这样小八路顺利地把消息带到了村外，为部队打胜仗立下了汗马功劳。

既然想离开村子的人被赶回村子，想进入村子的人被赶出村子，如果你想走出村子，只要假装进入村子不就行了？小八路就是通过颠倒行走过程的办法蒙混过关的。

在《道德经》第三十六章中有这样一段话："将欲歙之，必固张之；将欲弱之，必固强之；将欲废之，必固兴之；将欲夺之，必固与之。"简单的理解就是"欲擒故纵"，因为任何事情都是一个运动发展的过程。在发展过程中充满了辩证法，张到一定程度就会歙，强大到一定程度就会变弱，兴盛到一定程度就会荒废，付出到一定程度之后必定会有回报。

《三国演义》中有很多故事体现了这种思考方法的价值。诸葛亮七擒孟获，表面上看花费了很多时间和兵力才把他降服，实际上最终的效果是使孟获心悦诚服、誓不复反，最终取得了更大的胜利。

开动你的脑筋

在日常生活中，你运用过程倒转处理问题吗？如果有，请写出来。

1. _____

_____

2. _____

_____

3. _____

_____

观点逆向

观点逆向就是与合乎常理的观点"唱反调"。

飞机一定要有翅膀吗?

有人用观点逆向法摘掉了飞机的翅膀,他是广东农民陈建平。他在用手推车推着重物下坡的时候,发现车子很容易失控,而如果换作在前面拉着车子走,只要人跑的速度比车子稍微快一些,就很容易使车子保持平衡并快速前进。

由此他认为,其实车子的平衡和飞机的平衡原理是类似的。那么,如果在飞机的前边加上一个螺旋桨,是不是不用翅膀也可以平稳地飞翔呢?经过不断地研究、试验和多方求证,他终于设计出了一种前导式无翼飞机。

飞机有翅膀是正常的、合理的,但是飞机如果没翅膀就一定是不可能的吗?观点逆向就是对那些常规的观点进行反方向思考,从而得到解决问题的新方法。

诺贝尔物理学奖获得者尼尔斯·博尔曾说过:"真理的反面是另一个真理。"真理的反面好像应该是谬论,但是仔细想想也未必。比如,欧几里得几何是真理,它的反面非欧几里得几何也是真理;牛顿定律是真理,它的反面量子力学和相对论也是真理;城市化是现代社会的标志是真理，它的反面非城市化也是真理。

事实上，很多常规的观点并不见得就正确，比如通常人们认为完整、对称的东西才符合美的标准，但是，残缺的、不对称的东西真的就不美吗？

当维纳斯塑像在1820年被一位农民发现的时候，她的双臂已经被折断，但是这丝毫不影响它被世人公认为迄今为止希腊女性雕像中最美的一尊。

这位衣衫即将脱落到地上的女神，躯体和肌肤显得轻盈美丽，身体看上去微微有些倾斜，显出正依靠着支撑物——正是这种处理手法使雕像增加了曲线美和优雅的动感美。

人们似乎永远是追求完美的。为了弥补维纳斯像断臂的遗憾，艺术家们试图让其完美无缺，打算替这座塑像接上手臂。他们续接的手臂或举或抬，或屈或展，或空或实，但是这些方案均不理想，就好像女神并不喜欢这些手臂一样。最后，他们只得放弃了追求"至善至美"的举动，保留了维纳斯的残缺……

观点逆向思考法在商界的应用非常广泛，因为这种思维方法很容易带来创新，而在同质化日趋严重的商界，与众不同是取得成功的重要条件。在一次电视访谈节目中，上海炒股大王杨百万透露了自己的成功秘诀：当股票最高的时候我就出手，转而买房产；当房产最火爆的时候我就丢了房产去买股票。

运用观点逆向思考法还可以让我们全面地看待问题，不必陷入一些常规观点的束缚之中。比如，有些人高考失利就以为天塌下来了，其实运用观点逆向的思考方法就可以找到其他的出路，参加工作或者学习一门技术。

习惯用观点逆向思考问题之后，人们会变得理性、客观。当我们悲观的时候，可以运用乐观的、积极的想法寻找可能存在的利益；当我们过于乐观的时候，可以运用谨慎的想法寻找潜在的危险。

一位拳击手在比赛之前总是做祷告。在一次比赛中，他夺得了冠军，人们纷纷向他表示祝贺。有人对他说："你是不是在比赛之前祷告自己能赢，看来你的祷告很管用啊！"拳击手严肃地说："我希望能赢，对手也希望能赢。我们不可能同时胜利，如果我们一起祷告的话，会让上帝为难。我做祷告只是希望我们在比赛中不管胜负如何，谁都不要受伤。"

观念逆向可以让人们跳出以自我为中心的思维模式，从而想出更加有效地解决问题的方法。

比如，一个正在织毛衣的妈妈总是被在地上爬来爬去的孩子弄得很烦，这时她应该怎么办呢？把孩子放到婴儿活动区，这是一般的思维逻辑。但是，如果运用观点逆向思考法，我们就可以得到这样的方法：让妈妈到婴儿活动区去织毛衣，这样效果肯定会更好。与此类似的还有野生动物园的经营模式。在传统的动物园里，动物被关在笼子里，人站在外面看。所以，野生动物在狭小的空间中生活失去了野性。野生动物园给人们提供了一种新的观赏方式：把人关在"笼子"里，让动物自由活动。

开动你的脑筋

老地主去世了，他留下了一份遗嘱：大儿子约翰获得农场一半的马，二儿子詹姆士获得 1/3 的马，三儿子威廉获得 1/9 的马。然而，一共有 17 匹马，这可难住了三兄弟。最终，律师托兹想到了一个方法。那么，他是怎么做的呢？（答案见附录）

第五章

转换思考法

何谓转换思考

转换思考实际是一种多视角思维。从多个角度观察同一现象，用联系的发展的眼光看问题，你会得到更加全面的认识；从多个层次、多个方面、多个角度思考同一问题，你会得到更加完满的解决方案。

图中是 3 个正三角形，只允许移动其中的两个边，你有办法让所有的三角形都变得不存在吗？

按照常规的思维方式，好像无论如何也想不出办法。但是，只要转换一种思维方法，把这个图形的问题转换成数学问题，就可以得到下面这种解决办法（1 个三角形减去 1 个三角形等于 0 个三角形）。

如果某一问题的思考方式对自己不利，那么你就应该转换思路，从另一个角度考虑问题，说不定可以让问题迎刃而解。

有两个商人一起去非洲卖鞋。那时的非洲人刚刚改变以前穿兽皮、披树叶的习惯，穿上了衣服，但是他们还都是光着脚走路。一个商人看到这种情况之后认为这里的人都不穿鞋，根本就没有市场，于是他去别的地方卖鞋了。另一个商人却想：这里的人都没有鞋穿，鞋的需求量太大了，真是赚钱的好机会！于是他留了下来，结果成功地把鞋卖给了所有光脚的人，成了富裕的大鞋商。

转换思维还要求我们从不同方面对同一对象进行考察，从而得出客观公正的评价。比如，法官判案时，原告和被告"公说公有理，婆说婆有理"。如果偏执一端，很可能会冤枉好人。只有转换思维，全面了解事情的原委，才能做出公正的裁决。

转换思维可以帮我们精确地理解某一事物的内涵和外延，并对事物的概念做出规定。语义学家格雷马斯说："我们必须对一些基本概念不厌其烦地进行定义，尽量确保做得精确、严格，以确保新概念的单义性。"所谓"不厌其烦地进行定义"，就是不断转换思维，从不同层次进行分析和推敲。

此外，转换思维可以避免思维定式，对于发明创造来说有重要意义，每转换一个新的视角也许可能引发一个新发现或新发明。

美国玩具制造商斯帕克特发现那些玩具设计师设计的玩具单调、陈旧，没什么新鲜感，很难引起儿童的兴趣。因为那些设计师都是成年人，他们已经形成了思维定式，很难从孩子的角度来设计玩具。要想设计出受欢迎的玩具，必须知道孩子们的想法。于是，斯帕克特请来一位 6 岁的小女孩玛丽亚·罗塔斯作为玩具设计的顾问，让她指出各种玩具的缺点，以及她希望生产出什么样的玩具。在小女孩的建议之下，斯帕克特公司生产的玩具销路很好。

这个例子说的是成人与孩子之间的思维转换。此外，思维转换还有男人与女人之间的转换，历史、现实与未来的转换，整体与局部的转换，肯定与否定的转换，科学与艺术的转换等等。思维转换的方法不一而足，这里我们介绍几种简单易行的训练方法。

1. 反向转换法

《道德经》里有这样一句话："有无相生，难易相成，长短相形，高下相盈，音声相和，前后相随，恒也。"这朴素的辩证法向我们讲述了深刻的道理。向反向去求索，站在事物的对立面来思考往往能够突破常规，出奇制胜。你可以向对立面转换事物的结构、功能、价值，以及对待事物的态度。对结构和功能的转换可以让你有发明创造，对价值的转换可以让你变废为宝，对态度的转换可以让你心胸开阔、宠辱不惊。

2. 相似转换法

这种转换法有助于我们对同一对象、同一问题进行全面、整体、系统的把握。比如下面的两组词语，每组词语之间具有一定的相似性和关联性。

生命、血肉、植物、爱情、真理、繁荣

原始、开端、最初、胚胎、萌芽、发展

每一组中的一个或几个词都可以成为理解本组中某一个词的新视角。这种转换方法可以启发新的隐喻以及事物之间的联系，对在科学研究中建立理论模型有重要意义。

3. 重新定义法

如前面所说，转换思维可以使概念的定义更加精确；反过来，通过对某一概念重新定义可以训练我们的转换思维的能力。对文字的翻译也可以达到这种效果，台湾诗人余光中说："翻译一篇作品等于进入另一个灵魂去经验另一个生命。"这种"经验"可以让你的视野更加开阔。

4. 征询意见法

一个人的思路毕竟有限，要想实现多视角思维，就应该借助集体的力量。征询别人的看法和意见可以让你对某一问题的认识更加完善。电视剧《三国演义》中曹操的扮演者鲍国安当年为了演好曹操这个角色，对不同年龄、不同学历、不同职业的几百个人进行调查，询问他们对曹操的看法。别人的意见让他对曹操的各个侧面都有所了解，他的演出自然赢得了大家的好评。

5.实践转换法

实践转换可以让你在对问题的实际操作中，获得对事物的新的理解和认识，发现某种新的意义。比如，大学生写论文，纯粹研究理论只能是闭门造车，如果去参加相关的实习，就会对理论知识产生新的认识。此外，经历一下你没有体验过的生活可以让你改变对一些问题的看法。

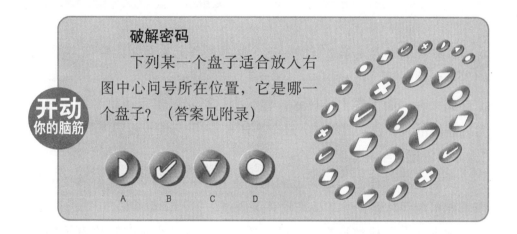

破解密码

　　下列某一个盘子适合放入右图中心问号所在位置，它是哪一个盘子？（答案见附录）

开动 你的脑筋

A　B　C　D

扫码获取 更多资源

正面思考和负面思考

你眼中的世界是怎么样的？这个问题回答起来可能比较难，那么，回答下面这个问题吧。

如果在你面前摆上半杯水，你认为这杯水是半空还是半满？习惯负面思考的人会说："真糟糕，只有半杯水了。"习惯正面思考的人会说："太好了，还有半杯水呢。"

我们还可以注意到跟你上面的回答相关的一些事情，虽然类似的事情你可能经常遇到，却从来没有深思过。

你上次考试成绩只是班上的中等水平，这使得那些对你寄予厚望的人们很失望。你决定努力学习，打算考个第一名给大家看看。在老师、家长的督促下，经过你的努力，你比以前提高了几十个名次。对你来说，这是以前从来没有过的好成绩。但是，你的目标是第一名。因此，你虽然有一点儿高兴，但是总的来说，你很失望。

下雨了，你讨厌下雨。虽然这场雨在这个季节十分平常，虽然从农村出来的你知道，那些庄稼等着雨水的浇灌，但是你仍然十分恼火——它把你的衣服打湿了，鞋子弄脏了，使路上积了一些水。

你创业失败了。你投入的几万元顷刻之间化为乌有，那可是你辛辛苦苦打工赚来的钱。你埋怨世道不好，上天不公。你灰心丧气，甚至连自杀的心思都有了。

……

这样的事情多不胜数。通过这样的例子，可以知道你的世界是什么样的。

不错，你正在用一种负面思考来看这个世界。

所谓的负面思考是这样一种思考方式，即总喜欢把事情朝坏的方面去想。在看待一件事情的时候，它使我们总是想到：问题多于机会、缺点多于优点、坏处多于好处……总之，它使我们产生消极的思考，从而使自己变得忧郁、沉闷、消极和暴躁。

而在我们解决问题的时候，偏重负面思考会带来比事情本身更多的麻烦，使我们被阴影遮蔽眼睛，看不到事情的多种可能的解决方案，从而阻碍事情的解决。

本杰明·富兰克林曾说过："少一根铁钉，失掉一个马蹄；少一个马蹄，失掉一匹战马；少一匹战马，失掉一位骑士；少一位骑士，失掉一场战争。"虽然这句话的本意是要求严于律己，但这可能算是"负面思考"最极端的例子了。这种连贯性的负面思考能够使人想到最坏的一面，从而由一件小事产生彻底的消极。

如果你的确是这么想的，这没有什么好遗憾的。心理学家证实了这样一个结论：负面思考是人类的本能反应。也就是说，人类总是喜欢设想最糟糕的一面。

不过，尽管负面思考是人的本能反应，但这并不代表我们必须任由它来支配我们的信念、思想和状态。我们必须经过有意识的训练，把这种影响我们心情、精神和行为的思考方式改变。

问一问自己，难道世界真的是我们看到的那样——那样灰暗、让人丧气和死气沉沉的吗？

一个探险家和他的挑夫打算穿越一个山洞。他们在休息的过程中，探险家掏出一把刀来切椰子，结果因为灯光昏暗，切伤了自己的一根手指。

挑夫在旁边说："棒极了！上帝真照顾你，先生。"

探险家十分恼怒，于是把这位幸灾乐祸的挑夫捆起来，打算饿死他。当他一个人穿过山洞的时候，却被一群土著抓住了，他们打算杀死他来祭奠神灵。幸运的是，那些土著看到了探险家伤了手指，于是把他放了，因为他们害怕用这样的祭品会触怒神灵。

探险家感到自己错怪了挑夫，于是回去把那位挑夫的绳子松开了，并对他致以歉意。

挑夫说："棒极了！看来，上帝也很照顾我，先生。如果你没有把我捆住的话，我已经成为他们的祭品了。"

我们必须学会正面思考。如果你在回答"半空"还是"半满"这个问题的时候，回答的是前者的话，那么你就是在做正面思考。正面思考是这样一种思考方式：在看待一件事情的时候，它让我们能够考虑到这件事情的"好处"的一面；它帮助我们阻挡住那些困扰我们的因素，发现给我们信心、激励和勇气的因素，从而使我们更加积极地去解决一个问题。

正面思考和负面思考是两种截然不同的方法，产生的效果也不同。不过，它们只是看问题的两种不同的角度而已。同一件事情，用正面思考能够使你自信、乐观和拥有解决问题的高效率，而负面思考则正好相反。

一个老妇有两个儿子，大儿子卖伞，小儿子卖鞋。下雨天，她为小儿子发愁；晴天，她则为大儿子发愁。因此，她一年到头都是愁眉苦脸的。有一天，经过一位乡人的指点，她有了很大的改变，开始变得十分快乐。那位乡人告诉她，她应该在晴天为小儿子高兴，在雨天为大儿子开心。

那位乡人正是运用了正面思考得出的建议。的确，在生活中，负面思考只会给人带来烦恼和忧伤，而要活得快乐，只有正面思考才是"一剂良药"。

当获得肯定时，你会……

正面思考	负面思考
肯定自己的努力	对结果表示怀疑
恭喜自己	不表示快乐，害怕别人认为自己沾沾自喜
把结果跟人们分享	写到日记中，独自分享
接受别人的祝贺	发现跟自己预期的有距离，因此不高兴
尽情欢笑	希望自己做得更好
又朝大目标前进了一步	把功劳归于运气

当遭遇失败时，你会……

正面思考	负面思考
坦然接受，因为任何人都会经历失败	自责
肯定自己的选择	否定当初的决定
找出失败的原因	否定自己的能力
绝不回头，想象成功就在下一次	永远记住这个错误
学到教训	怨天尤人

　　正面思考要求我们以独特的思维来看待这个世界，可以帮助你把注意力从坏事转向好事，改变自己的心态和解决问题的各种方式。当你面临一个问题的时候，采取正面思考还是负面思考的方式，完全由你自己决定。如果你的确正为自己的生活是无趣的、世界是灰暗的而沮丧，就应该学会正面思考这种方式。

视角转换

"横看成岭侧成峰，远近高低各不同。"视角不同，你所看到的景观就不一样。同样，用单一的视角看待一件事情，你通常无法看到事情的全貌。如果你能换个角度看问题，你会发现这个世界像一个万花筒。

视角转换就是对同一事物或现象，从不同的角度加以观察和思考，从而获得新的认识和解决问题的新方法的思考方法。有时我们找不到问题的出路，就是因为总是从固定

■有趣的两可图形

上图是一个花瓶还是两个人头的侧面像？通过观察，你会从中理解图形和背景的转换关系。

的角度看问题，陷入了死胡同。其实，只要换一个视角，就能拨云见日，找到问题的突破口。

一位富翁有一个十分漂亮的花园，花园里树木郁郁葱葱，花朵姹紫嫣红。由于经常受到外人的侵入，花木常遭到破坏，地面也被弄得狼藉不堪。

于是富翁在花园门口竖了一个牌子，上面写着：

"私家花园，禁止入内。"

但是丝毫不起作用，花园依旧遭到践踏和破坏，甚至比以前破坏得更严重。

富翁经过一番思考之后，想到了一个办法，他在警示牌上换了另外一句警示语：

"请注意，如果在花园中被毒蛇咬伤，最近的医院在距此15千米处，驾车约半个小时即可到达。"

他把这个牌子竖在花园门口之后，果然再也没有人闯入花园了。

这位富翁就是应用了视角转换的思维方法来解决问题的。开始时，他按照常规的思路，从自己的利益出发，和闯入花园的人站在对立面，"禁止"他们入内。这种警告不但起不到积极的作用，反而会激起人们的逆反心理。经过视角转换之后，富翁站在对方的角度来思考问题，如果花园中有对他们造成伤害的东西，不就可以阻止他们了吗？

有时同样一件事，站在这个角度看是错的，站在另一个角度看就是对的了。

如果你想让别人按照你的意愿行事，那么你必须站在别人的立场上思考问题。下级站在自己的立场上无法说服领导改变想法，家长站在自己的立场上无法说服孩子不要这样或不要那样。让别人看到对自己有利的地方，他才会认可你的观点。

有两个基督徒都喜欢吸烟。

有一天，他们一起去向牧师请教在祈祷的时候能不能吸烟。

第一个基督徒见到牧师之后，问道："在祈祷的时候能吸烟吗？"

牧师生气地告诉他："不可以！那是对上帝的不敬。"这个基督徒很遗憾地退了下去。

第二个基督徒走上前问道："在吸烟的时候能不能做祷告？"

牧师高兴地说："当然可以！吸烟的时候都不忘做祷告，可见你很虔诚。"

在这个世界上，有的人自卑，认为自己一无是处、毫无希望；有的人自负，认为自己不可替代、无所不能。这两个极端都能让人们犯一些错误，因为人们不能清醒地、客观地对待自己的优点和缺点。运用视角转换，人们就能够理性地对自己做出评价，不妄自菲薄，也不自高自大。

我们总是对别人和周围的环境提出这样或那样的不满意。但是，如果我们换一个角度看待别人，换一个角度看待周围的世界，就能发现别人也有值得肯定的地方，情况并不像我们想象得那么糟糕。

视角转换的具体做法是，首先把思考对象分解为不同的侧面，冲破常规思维模式的束缚，力求看到思考对象的更多的侧面，然后从不同的角度来思考问题，最后用辩证的观点把对思考对象不同角度的思考综合起来，从而对事物形成一个全面的、立体的认识。

我们很容易陷入非对即错的思维模式中，但是这个世界并不是那么简单，还有很多灰色地带。要想全面地公正地看待问题，我们就要进行视角转换，看一看除了对和错之外，是不是还有第三种可能。

1964年，被流放的越南籍僧人一行禅师旅行到华盛顿特区，寻求美国国会支持终止越南战争。

美国参议员贝利·高德华询问的第一个问题就是："你来自南越还是北方？"

一行禅师的回答是："都不是，我来自中间。"

长得弯弯曲曲的大树，因为没有用处而得以保全性命；会打鸣的鹅，因为有用而得以保全性命。

那么，作为人应该怎么做呢？庄子说："周将处乎材与不材之间。"

当你摆脱单一视角的束缚，跳出对错之外，你会发现这时眼前出现了更富有创意的选择。

请回答下面几个问题：

1. 一个人到国外去了，可是他发现周围全都是中国人，为什么？

2. 山姆今晚想睡个好觉，所以，晚上 8 点 30 分就睡觉了。他把那个老掉牙的闹钟拨到早上 9 点就睡下了。那么，山姆可以睡几个小时呢？

3. 常言道：种瓜得瓜，种豆得豆。R 从来没养鸡，可每天却能得到两个蛋，这既不是花钱买的，也不是别人送的。这其中有什么奥秘？

4. 什么字在任何情况下，大家都会念错？

5. 在什么人面前大家都得摘掉帽子？（答案见附录）

价值转换

法国空想社会主义思想家傅立叶曾说："垃圾是摆错了位置的财富。"任何东西都有存在的价值。价值转换思考法就是让我们对事物的价值进行全方位的审定，积极地发现潜藏在事物内部的价值，或者开发出对我们有用的新价值。

德国某家造纸厂的一位技师因为一时疏忽，在造纸工序中加了胶，结果生产出了大批不能书写的废纸，墨水一蘸到纸上就会扩散开。这批废纸会给造纸厂造成很大的损失，这位技师非常焦急，并做好了被解雇的准备。

当他看着那些废纸发愁的时候，忽然灵机一动，既然这种纸的吸水性很强，就把这种纸作为一种专门用来吸干墨水的"吸墨水纸"不是很好吗？由此他发明了纸的一个新品种，并获得了专利。这种吸墨水纸上市之后很受欢迎，给造纸厂带来了很大的利润。技师不但没有被解雇，还受到了奖励。

那位技师运用价值转换思考法，发现了吸墨水纸的价值。生活中很多看似没有价值的东西都潜藏着某种价值，如果我们学会价值转换思考法，就能从无价值中发现价值，或者赋予事物某种价值。

唐代有一位著名的商人叫裴明礼。有一次，他对一个处在交通要道的臭水坑发生了兴趣。那个水坑处在来往商贩的必经之路，大家只能绕道而行。裴明礼用很便宜的价格把它买了下来，在水坑中央竖起一根很高的木杆，在木杆顶上挂了一个竹筐。然后在水坑旁边贴了一张告示："凡是能把石块、砖瓦投入竹筐的，赏铜钱百文。"

路过的人看到有便宜可赚，纷纷向竹筐投掷砖瓦，但是由于竹筐太高太远，几乎没人能投中。不过，人们还是踊跃参与，尤其是没事做的孩子们，把这当游戏玩，很快就把臭水坑填平了。

裴明礼停止了悬赏投石的活动，把地面修复平整，并搭建了几个牛棚和羊圈供过往的商人使用。没过多久，那里就堆积了很多牛羊的粪便，这正是附近的农人种田所需要的。裴明礼把牛羊的粪便卖给农人，没多久就赚了一大笔钱。然后，他把牛棚、羊圈拆掉，盖起了房屋并在周围种上花卉，建起了蜂房。几年之内，他就成了富甲一方的商人。

按照惯常的思维模式，我们认为一件东西只能在某一领域有价值，在其他领域没有价值。比如椅子是用来坐的，笔是用来写字的，杯子是用来喝水的……如果我们被常规的、显而易见的价值束缚住，就很难发现潜藏在事物内部的其他价值。椅子除了用来坐，是不是还可以在登高的时候用来垫脚？笔除了用来写字是不是还可以用来当锥子或者当鼓槌？杯子除了用来喝水是不是还可以用来种花或者养鱼？价值转换思考法可以让我们尽可能地在不同的领域发掘事物的潜在价值。当你认为某件东西没用的时候，就更应该想想是不是在其他的领域还有用。

法国有一位艺术青年叫明尼克·波达尼夫，有一天他看到了一双被扔掉的破旧高跟鞋，他发觉那鞋的样子有点像一张人脸。他兴致勃勃地把那鞋加工了一番，使它看起来更像人脸的模样。朋友们对他制作的鞋子脸谱赞不绝口，这让他产生了新的想法：何不把鞋子加工成艺术品销售呢？于是他收集来一些破旧的鞋子，并由此创业。他把鞋子制作成各种各样的脸谱：顽童、贵妇、政客、商人……这些艺术品有的朴素、有的唯美、有的搞笑、有的精致，都很受欢迎。其中一些优秀作品还曾多次到世界各地展销，每个售价 3 000 美元。

明尼克·波达尼夫被誉为"鞋脸奇才"，他说："每一只鞋都有自己的灵魂和性格，我只是把它们的灵魂和性格展现出来。"

价值转换思考法就是要求我们具备一双发现"灵魂"的慧眼，从司空见惯的事物中找到潜在的价值。

查尔斯·蒂凡尼享有"钻石大王"的美誉，但是起初他只是一家不起眼的珠宝店的老板，他的发迹始于一根报废的电报电缆。多年前，美国穿越大西洋底的一根电缆因为破损需要更换，查尔斯·蒂凡尼听说了这则消息之后，毅然买下了那根报废的电缆。他周围人们感到很惊讶，一根废电缆有什么用呢？这位精明的珠宝店老板当然另有打算，他把电缆清洗干净，然后剪成一小段一小段的，再用珠宝装饰起来，作为纪念物高价出售。这可是曾经铺设在大西洋底的电缆啊，能拥有一段这样的电缆不是很荣耀的事吗？

就这样他发了一笔财，但是这并不足以让他声名鹊起。后来，他用电缆赚来的钱买下了一枚价值连城的"皇后钻石"，并以它为主角举办了一个首饰展示会。人们都想一睹皇后钻石的风采，参观者蜂拥而至。他趁机把门票定得很高，赚了个盆满钵满，随之而来的还有"钻石大王"的美誉。

查尔斯·蒂凡尼的成功之处就在于他善于转换事物的价值，使事物的价值尽可能地为我所用。电缆并不仅仅具有传递信号的作用，还具有收藏价值。皇后钻石的价值不仅仅是收藏或者以更高的价位转手，还有观赏价值。经过价值转换他使看似没有价值的东西变得有价值，使有很高的价值的东西变得更有价值。

问题转换

问题转换是指将复杂的问题简单化，将陌生的问题变为熟悉的问题，从而使问题更容易得到解决。

英国某报纸曾举办了一项高额奖金的有奖征答活动，题目如下：

在一个充气不足的热气球上，载着3位关系人类兴亡的科学家。一位是原子专家，他有能力防止全球性的原子战争，使地球免于遭受灭亡的绝境；一位是环保专家，他的研究可拯救无数人免于因环境污染而面临死亡的噩运；还有一位是粮食专家，他能在不毛之地运用专业知识成功地种植谷物，使几千万人摆脱因饥荒而亡的命运。

由于充气不足热气球即将坠毁，必须丢下一个人以减轻载重，使其余2人得以生存。该丢下哪一位科学家呢？

问题一经刊出后，很多人争着回答。有人认为应该丢下原子专家，有人认为应该丢下环保专家，也有人认为应该丢下粮食专家，每个人都有自己的一番道理。但最后，巨额奖金得主却是一个小男孩。他的答案是——将最胖的那位科学家丢出去。

3位科学家都关系着人类的兴亡，很难权衡出谁对人类的价值更大一些。其实这是报纸利用人们的惯性思维设置的陷阱，获奖的小男孩根本不去理会科学家的价值，而是运用了问题转换的思考方法。从最简单的思路出发，把最胖的科学家扔出去，轻松地解决了问题。

我们常常面对困难的时候找不到出路，因为我们陷入了自己设置的圈套之中，把原本简单的问题想象得很复杂。结果越来越乱，理不清头绪，本来几分钟就能搞定的问题要用一天的时间来解决，本来轻轻松松就能做完的工作，却把自己弄得精疲力竭。

亚里士多德曾说："自然界选择最简单的道路。"本来很简单的事情，我们何必把它弄复杂呢？那样既浪费时间，又浪费精力，还未必能解决问题。我们应该顺其自然，不要人为地把简单的事情复杂化。要知道，把简单的事情复杂化很简单，把复杂的事情简单化却很难。

我们面对陌生的问题时，常常感到无从下手。如果我们把陌生的问题转换为自己熟悉的问题，就好办多了。

有一次，法国园艺家莫尼哀进行园艺设计的时候，需要一个坚固结实的花坛。对于建筑这行他一窍不通，但是作为一个园艺家，他很熟悉植物的生长规律。他想到植物的根系密密麻麻地牢牢地抓住土壤才能使参天大树屹立不倒。如果把这个原理应用在建筑中，不就能保证花坛坚固结实了吗？他把土壤转换为水泥，把植物的根系转换为铁丝，把根系固定土壤转换为铁丝固定水泥。这样他建造了一个非常结实的花坛。很快，他的这项发明就在建筑界得到了推广应用，成为一种新型的建筑材料——钢筋混凝土。

运用问题转换思考法，关键是要学会怎样转换。首先要弄明白目前需要解决的是一个什么样的问题，如果盲目转换可能解决不了根本问题。然后从实际情况出发进行转换，不可以从主观愿望出发，否则可能会欲易而更难，欲速而更慢。

当初爱迪生在研制灯泡的时候，曾经让一个刚刚大学数学专业毕业的助手阿普拉去测量灯泡的容积。阿普拉按照常规的方法测量灯泡的直径、周长，试图通过公式进行计算。但是，灯泡的形状是不规则的，计算很困难，而且不精确。阿普拉忙了很长时间也没计算出结果。爱迪生来催问的时候，发现他还在满头大汗地测量。爱迪生随手在灯泡顶端打了一个小缺口，然后灌满水，再把水倒在一个量杯里，看一眼读数，就知道灯泡的容积了。

问题转换的关键在于"变通"。诺贝尔经济学奖得主诺斯说："生活就应该有很多选择，你可以这样选择，也可以那样选择。如果这条路走不通，那么就走另一条。"当你沿着常规的、传统的道路走不通的时候，就应该换一个思考问题的角度，或者从另一个领域寻找解决问题的办法。思考对象的内容、形式、方法和概念都可以根据环境、时间、事件、地点的不同而发生改变。问题转换思考法就是要求我们在需要的时候能够灵活转换，而不是被眼下的问题限制住手脚，无法前进。

开动 你的脑筋　　如果法国最大的博物馆卢浮宫失火了，在紧急情况下只允许抢救出一幅画，你会抢救哪一幅？为什么？（答案见附录）

原理转换

原理转换就是要我们遇到问题的时候，不从常规的逻辑寻求解决问题的办法，而是通过引入与本问题看似不相关的原理进行思考，从而找到解决问题的新方法。

第二次世界大战时，法国的一位反间谍军官怀疑一个自称是比利时流浪汉的人是德国间谍，但是又没有足够的证据。这位军官灵机一动想到了一个办法。他让这个流浪汉数数，从1数到10。流浪汉很快用法语数完了。军官只好对流浪汉说："好了，你自由了，可以走了。"流浪汉长长地松了一口气，脸上露出了笑容。这时，军官终于确定这个流浪汉是德国间谍，于是命令手下把他抓了起来。你知道军官是如何做出判断的吗？

流浪汉数完数之后，军官用德语对他说了那句话，流浪汉松了一口气并露出了笑容，显然他能听懂德语，暴露了他是德国间谍的真面目。军官就是在流浪汉毫无准备的情况下，转换原理，使流浪汉落入圈套的。

原理转换还体现在一个特定原理在不同领域之间的转换。一个原理并不仅仅适用于某一个领域，我们可以把它转换到其他领域，也许能发挥意想不到的作用。

帕西·斯潘塞是一名电工技师，他发现了一个奇怪的现象：在安装雷达天线的时候，放在上衣口袋里的巧克力会自动熔化。周围没有任何热源，是什么导致巧克力熔化了呢？为了查个究竟，有一次，工作之前他故意在上衣口袋里放了一块巧克力。当他爬上雷达的塔台的时候，巧克

■脑半球的分工

我们的逻辑思考和创造性活动分别由不同的脑半球控制。脑的左半球控制我们对数字、语言和技术的理解；脑的右半球控制我们对形状、运动和艺术的理解。

力就开始熔化了。他想，也许是雷达发出的强大的电磁波导致了巧克力熔化。

为了证明这个假设，斯潘塞做了一系列的实验研究，终于得出了结论。原来导致巧克力熔化的原因是微波可以引起食物内部分子的激烈运动，从而产生热量。随后，斯潘塞用这个微波加热的原理制造了世界上第一台微波炉。

原理转换在科学发明创造方面具有很大的价值，任何新产品、新工艺的出现都是对一些普遍性的原理的应用。运用科学原理进行创新可以从 4 个方面进行探索：第一，可以把最新的原理应用到各个领域，研发最新的产品或工艺；第二，可以把最新的原理应用在已有的产品和工艺中，对旧有的产品进行革新和再创造；第三，可以把旧的原理应用到新领域，从而开发出新产品或新工艺；第四，可以把旧原理和新产品、新技术结合起来，从而赋予新产品、新技术更多的价值。

18 世纪，莱布尼茨的朋友鲍威特寄给了他一本拉丁文译本《易经》。他在读到八卦的组成结构时，惊奇地发现了其中的基本素数 0 和 1，也就是《易经》中的阴爻"--"和阳爻"—"。由此，他创立了数理学中的二进制，并认为这是世界上数学进制中最先进的。

20 世纪计算机的发明与应用给各个领域带来了巨大的变革，计算机的运算模式正是对莱布尼茨的二进制的应用。计算机中采用二进制是由计算机电路所使用的元器件性质决定的。计算机中采用了具有两个稳态的二值电路，二值电路只能表示两个数码：0 和 1，用低电位表示数码"0"，高电位表示数码"1"。在计算机中采用二进制，具有运算简单、电路实现方便、成本低廉等优点。

德国数理哲学大师莱布尼茨就是受到中国《易经》中阴阳原理的启发，发明了二进制，也就是今天电子计算机技术的基础。

在进行原理转换思考法训练的时候，针对一个简单的原理要尽可能多地找到它可能会发挥作用的领域，针对一个问题要尽可能多地寻找可能与此问题相关的原理，从而找到能够解决问题的更多方案。

第七节

材料转换

日常生活中的很多东西都是由传统的材料构成的，比如桌子、板凳是用木头做的，碗和盘子是用陶瓷做的，书是用纸张做的……我们习惯了这些材质的物品，渐渐地认为这是必然的、不可改变的。事实上这是我们自己给自己的创造力设置的限制，物品的材料并非不可改变。我们可以运用转换思考法对构成任何物品的材料进行大胆地设想，把常见的材料转换为某种新奇的、独特的材料，以提高物品的功能或者给物品带来新的功能。

举一个简单的例子，杯子的材料通常都是玻璃、陶瓷或合金的，为了满足方便卫生的需要，人们运用材料转换的思考法发明了一次性的纸杯。

再比如，通常家具都是木材做的，木材家具体积大、笨重。尤其是搬家的时候，笨重的家具特别麻烦。针对这个问题有人运用材料转换思考法积极寻找新型的家具材料。于是出现了简易的布衣橱、橡胶充气沙发、充气床等结构简单、携带方便的家具。

我们从物品的结构、功能、特性等方面进行思考，探寻能够更好地满足我们的需要的新材料。和其他思考方法一样，材料转换也要求打破常规。只有敢于设想，才能有新突破、新发展。

一家小饭店的老板为馒头的销路不好而发愁。有一天，他灵机一动，心想为什么不能把馒头做得色香味俱全？于是他让厨师试着把青菜汁、红萝卜汁、茄子汁和入面中，结果蒸出来的馒头有绿色的、红色的和紫色的，品尝起来还有特殊的香味。新品馒头推出之后，原本冷清的小店一下子变得顾客盈门。他又想到传统的包子都是各种素菜、肉馅以及豆沙馅的，可不可以在包子馅上耍点儿花样呢？于是他尝试着推出山楂、凤梨等果脯系列包子，花生、芝麻、核桃等果仁系列包子。新品包子上市后，更是备受欢迎，很快这家小饭店就远近闻名了。

材料转换在医学上的应用很广泛，比如用木制或石膏的假肢代替由骨肉组成的肢体，用心脏起搏器代替真正的心脏。此外，还有人工肾、人工皮肤、人工角膜等等代替人体原有器官的材料相继问世。医学专家指出，人体中一半以上的器官都可以用人造器官代替。但是，最初这种用人造材料代替真正的人体器官的设想却受到了人们的怀疑，甚至被称为"妖言惑众"。

18 世纪中叶，波兰医生加迪尼提出了用人造水晶体代替晶状体的大胆设想：给白内障患者摘除白内障之后，把人造水晶体植入眼睛可以让患者重见光明。当时的人们认为这种想法太荒谬了，便以"妖言惑众"的罪名把他告上了法庭，结果这位医生被投入监狱。

100 多年后，一位英国的眼科医生理得利在一次手术中不小心把一个有机玻璃片留在了患者的眼中，过了一段时间他才发现。令他感到惊奇的是，有机玻璃并没有引起患者的眼睛发炎。由此他做了一次大胆的尝试，将用有机玻璃制作成的人造晶状体植入白内障患者的眼中，替换掉混浊的晶状体，结果病人的视力恢复了正常。如今，已经有数以万计的眼病患者采用了人造晶状体。

事物的性能、特点往往是由材料决定的，转换材料之后就有可能带来一种新的性能或特点，所以材料转换思考法在产品创新领域很有价值。比如玻璃凉鞋、树脂眼镜、竹筒水杯等等新颖材料的产品给人们带来了更多的"实惠"。

目标转换

目标转换是指当某一目标很难实现的时候，我们可以试着通过一个间接的目标来实现最终的目标，或者把目标转向另一个方向。

有一个聪明的年轻人叫巴拉甘仓。有一次，一位财主骑马在路上碰到巴拉甘仓。财主早就听说巴拉甘仓很聪明，想考考他。他对巴拉甘仓说："不许你接触我的身体，你能让我从马上下来吗？"

思考一下，如果你是巴拉甘仓，你会用什么办法让财主从马上下来呢？

巴拉甘仓说："先生，我不能。但是，如果你下来，我有办法让你回到马背上。"财主听后不相信，便从马上跳下来，想知道巴拉甘仓怎么让他回到马背上。巴拉甘仓哈哈大笑说："先生，现在您不是从马上下来了吗？"

巴拉甘仓正是借助了目标转换的思维方法来实现自己的目的的。他假设了另一个目标，使财主对真正的目标不再提防，结果出乎意料地使问题得到了解决。

有时候用直来直去的方法很难解决问题，如果遇到"此路不通"的情况，我们就需要运用目标转换的思维方法另辟蹊径，借助一个间接的目标来实现最终的目标。

解放战争时期，有人想把一批银圆从武汉运往上海。那时，长江一线匪盗猖獗，他害怕有闪失，但苦思冥想也想不到万全之策。后来，一位姓吴的先生愿意帮他把钱运过去。他把那批银圆全部买了洋油，洋油装船运输，就比直接装银圆运输安全多了。洋油运到上海之后，立即转手卖了，把洋油换成钱，这样就把问题轻而易举地解决了。并且当这批洋油运抵上海时，碰巧遇上洋油大涨价。这样吴先生不但把全部银圆安全"运"到了上海，而且还大赚了一笔。

当我们向着一个目标前进的过程中，也许会出现一些与我们的目标不相关的，但是可能对其他领域有重大意义的事物。此时我们应该将目标转向新事物，以取得巨大的成就。

奎宁是医治疟疾的良药，但是天然奎宁的数量有限，一旦疟疾流行起来，就会出现奎宁短缺的现象。19世纪40年代，担任英国皇家化学院院长的霍夫曼试图用化学方法合成奎宁。他的学生帕琴按照老师的想法进行了多次实验，但是都失败了。但是他并没有放弃，而是继续努力做实验。有一次，他发现实验反应之后的化学试剂呈现鲜艳的紫红色。他想：这么鲜艳的颜色如果做染料不是很漂亮吗？于是，他由研制奎宁转为研制染料，很快他就制成了"苯胺紫"。为此，他申请了专利并建立了一家合成染料厂。

如果按照正常的思路，我们就会直奔目标而去，忽略掉沿途可能带来的其他好处。目标转换要求我们在思考过程中，随时关注沿途的风景，也许你的目标是去远处摘桃，但是在途中可能会经过一片梨树林，何不顺手先摘几个梨吃呢？

第六章

图解思考法

什么是图解思考法

我们平时表达自己的想法除了用语言就是用文字，你有没有想过用图画来表达自己的想法呢？人类在发明文字之前就是用图画来交流信息的，甚至汉字本身就是从"图画"慢慢发展而来的。从某种意义上说，图画天然就是人类表达思想的有效工具，它更有助于我们进行思考和交流。

图解思考法是一种"用眼睛看"的思考工具，通过插画、图形、图表、表格、关键词等把信息传达出来，帮助我们有效地分析和理解问题，寻求解决问题的方案。

世界著名的心理学家、教育学家东尼·伯赞在研究大脑的力量和潜能的时候，惊奇地发现伟大的艺术家达·芬奇的笔记本中充满了图画、代号和连线，他意识到这可能是达·芬奇在很多领域取得成功的原因所在。在此基础上，东尼·伯赞于 20 世纪 60 年代发明了思维导图，这种思考法一经公布很快风靡全球。

东尼·伯赞称赞达·芬奇的笔记本是世界上最有价值的资料之一。达·芬奇在笔记本中使用了大量的图像、图表、插画和各种符号来捕捉闪现在大脑中的创造性想法。这种思考方法正是使他在艺术、哲学、工程、生物等领域获得成功的原因。他的笔记本的核心部分就是图像语言，而文字相对来说处于次要地位。

生物学家达尔文也善于用图解的方式来思考问题。在提出进化论的过程中，他需要尽可能广泛地收集每一物种的信息，并对物种之间的关系进行分析，此外他还要解释各种纷繁复杂的自然现象。为了完成这项艰巨的任务，他设计了一种像分叉的树枝一样的思维导图笔记形式。他发现这是一种非常有效的收集和整理数据的方法，他用了15个月的时间绘制出一幅树状思维导图之后，提出了进化论的主要观点。

这是一种创造性的有效的整理思路的方法，你可以通过这种方法把大脑中的信息提取出来，用图画的方式表达出来。运用这种思考法你可以把很多枯燥的信息高度组织起来，遵循简单、基本、自然的原则使其变成彩色的、容易记忆的图。

东尼·伯赞说："电脑、汽车等都有很厚的说明书，而人的大脑这部全世界最有深度和力量的机器却没有说明书。"可以说图解思考法就是大脑的使用说明书，这种思考法与我们的大脑的工作原理一样。也许你会认为大脑的工作太复杂了，其实它的基本工作原理很简单，就是想象和联想。不信你可以试试看，当你看到"汽车"这两个字的时候，你的大脑里出现了什么？肯定不是打印出来的两个字——汽车。你的大脑中呈现出的是行驶在公路上的汽车的图像，或者陈列在汽车销售部门的样车，进而你会联想到奔驰、宝马等汽车的品牌，或者驾驶汽车兜风时的感觉。总之，接触到某一思考对象时，你的大脑中就会出现与该问题相关的三维立体画面，这个画面只在一瞬间就产生了，可见你的大脑比世界上最高级的计算机都善于思考。

但是，当大脑进行无意识的想象和联想的时候，它的工作效率会比较低。也许你有过这样的经历，在写工作总结或者策划方案的时候，冥思苦想很长时间也写不出几行字。因为你的思路很乱，理不清条理，一时找不到自己需要的信息。想象一下，你到一座图书馆去借书，但是图书馆里的书杂乱无章，管理员不客气地对你说："你要找的书就在这一堆里，自己找吧。"这是不是很让人头疼？事实上，很多人的大脑就像一座杂乱无章的图书馆，虽然存储了很多信息，但是那些信息处于无序的状态。图解思考法能够使我们大脑中的信息变得井然有序，使大脑具有出色的存储系统和信息检索功能。

图解思考法就是把大脑中充满图像的思考过程显示在纸上，使已知的信息一目了然，使信息之间的关系条理分明。你的思路可以围绕思考对象向各个方向发散。

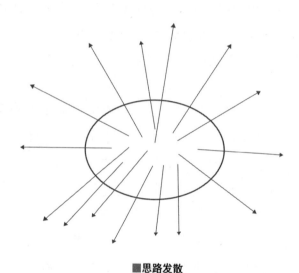

■思路发散

用图解思考法做一个思维导图类似于绘制一张城市地图，思考对象即城市中心，从城市中心引发出的主干道代表由思考对象引发的主要想法，二级街道代表次一级的想法。如果你对某一点特别感兴趣还可以用特殊的图像表示。

当你围绕某一思考对象绘制出一个全景图之后，你就从大脑中提取了大量信息，你可以明确地看出实现某一目的的途径，从而制定出富有创造性的解决问题的方案。

图解的类型

图解思考法提出至今，经过不断完善和发展，衍生出了很多不同的类型。根据需要，在面临不同问题的时候适合使用不同类型的图解。这里我们介绍几种常用的图解类型。

思维导图

思维导图即东尼·伯赞最初发明的图解方法，适用于帮助我们对某一问题的各方面进行理解和记忆。这种图解法就是从一张纸的中心开始，绘制要解决的中心问题，然后从中心引出一些主要枝杈，再从主要枝杈引发一些细节问题。你可以用这种办法把一本书的内容囊括到一张纸上，或者把一周的家务安排或一

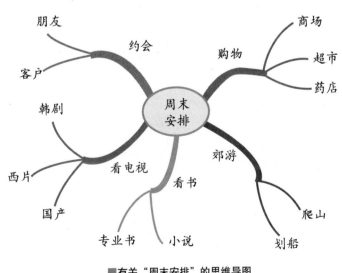

■有关"周末安排"的思维导图

生的职业规划都表现在一张纸上。

逻辑型图解

逻辑型图解有助于统揽全局，全面地、彻底地解决问题。任何问题都不止有一种解决办法，当你面对一个问题的时候要问问自己都有哪些办法可以达到同一个目的。比如当我们考虑增加利润的方法的时候，就会想到增加销售和降低成本两条思路，是不是还有其他的选择呢？在绘制图解的时候，我们有必要在这两者之外，加上第三条分支：其他收益。

站在思考对象的角度寻找解决问题的方法时，我们要问自己："应该怎样做？"相反，站在解决方法的角度，我们要问自己："为什么要这样做？"这样就系统地把思考对象和关键词之间的关系连接起来了，不至于迷失方向，还可以避免出现重复和遗漏现象。

逻辑型图解有两种基本形式，一种是逻辑树，一种是金字塔。逻辑树是从左到右推导解决问题的办法；金字塔是指将事实向上积累，推导出结论的结构图。此外，还可以运用算式来定义关键词之间的关系。

当你把解决问题的方法以逻辑树的方式陈列出来之后，还要对各

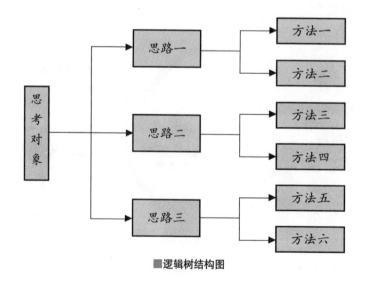

■逻辑树结构图

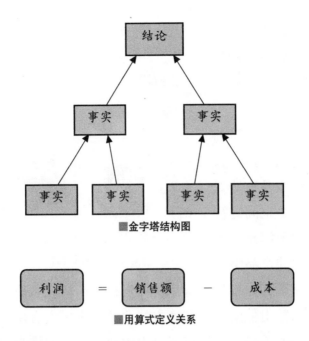

■金字塔结构图

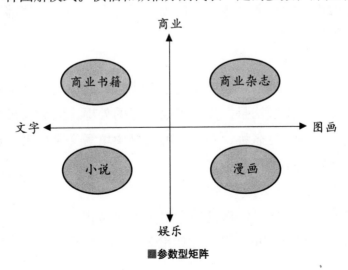

■用算式定义关系

种方法的优先顺序进行排列，把最有效的方法放在第一位。

矩阵型图解

1. 参数型矩阵

数学上有用变量和坐标轴描绘的图表，参数型矩阵就是借助变量与数轴的一种图解模式。横轴和纵轴分别代表一定的参数，并把平面分为4

■参数型矩阵

个空间，在 4 个空间中填充相关要素来展现某种状态或发展趋势。

2. 箱型矩阵

箱型矩阵也是在横轴和纵轴上有一定的参数，它的特点是按照参数的大小和高低对 4 个空间进行分类。右边的图解是在市场营销中常见的产品组合

■箱型矩阵

管理矩阵，横坐标为市场占有率，纵坐标为市场成长率，按照箭头所指的方向，参数由低变高。右上方的业务，市场占有率高，市场成长率也高，有发展前景，是最有竞争力的业务，因此称为"明星业务"。右下方，市场占有率高，市场成长率低，继续保持高市场占有率就能取得高利润，可以称为"现金业务"。左上方，市场成长率高，市场占有率低，还处在发展阶段，经过调整很有希望提高市场占有率，所以称为"问题业务"或"问题少年"。左下角，市场占有率低，市场成长率低，夺回市场的可能性很小，应该考虑退出市场了，那部分业务称为"瘦狗业务"。

3. 情报型矩阵

这是适用于整理信息的典型的图解类型，简单地说，也就是分项列举的表格。具体画法是，先画出四方形的外框，然后在最上行和最左列填上相关的项目名称，在其余的表格中填写文字信息。比如课程表就是一个很好的例子。

4. 检查型矩阵

检查型矩阵同样是以常见的表格为表现形式，但是用符号代替文字信息，适用于做标记的图解。比如用 Y（N）或者√（×）代表对错，

用●代表已有的或已做的，用〇代表未有的或者未做的。

过程型图解

1. 过程图

过程图适用于展现公司的运作过程，几乎所有工作都需要经过好几道工序才能完成，过程图就是把作业过程的宏观构架展现出来。通

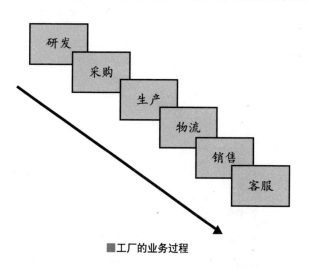

■工厂的业务过程

过绘制过程图，我们可以检查工作程序中的不足之处并进行改进。比如在产品行销过程中，市场调查这个环节非常重要，但是却往往引不起足够的重视。运用过程图可以清楚地显示各个环节的作用。

这是一个很简单的业务过程图。其中的每一个环节还可以继续展开，显示出细节化的业务过程。

2. 流程图

过程图表现的是过程的整体概要，流程图则侧重于细节的分析，适用于复杂的作业过程。流程图能够体现出多个部门之间的联系，因而也适用于横跨多个部门的业务。

图表型图解

Excel 软件的应用使数据整理变得非常方便，按照一定的顺序排列的数据可以帮助我们轻松地看出事物的发展趋势，从而快速掌握整体

概要，方便我们做出相应的对策。下面的图表是对某产品销售额进行的升序排列之后的结果，哪几个月销售额较大一目了然，我们可以从中找到一些规律以提高销量。

	A	B	C	D
	月份	销售金额（元）		
1	1 月	6 325		
2	9 月	6 394		
3	3 月	6 587		
4	6 月	6 915		
5	12 月	7 196		
6	8 月	7 413		
7	2 月	7 468		
8	7 月	7 785		
9	11 月	8 431		
10	5 月	8 732		
11	10 月	8 752		
12	4 月	9 514		

除了这种常见的图表之外，还有饼图、柱形图、折线图、圆环图、雷达图、气泡图等多种形式，可以增强视觉效果，更加直观、形象地表现数据之间的关系。

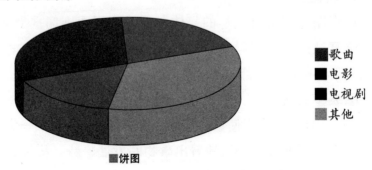

■歌曲
■电影
■电视剧
■其他

■饼图

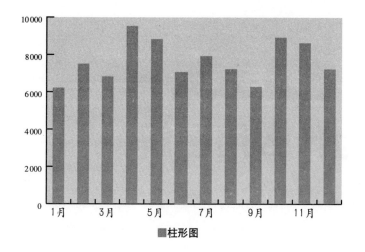

■销售金额（元）

■柱形图

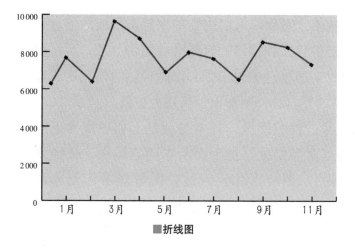

■销售金额（元）

■折线图

此外，还有ＳＷＯＴ型图解，适用于分析目前所处的形势；透视型图解，适用于焦点定位；模式型图解，适用于程式化的运作模式。

第三节
为什么用图解

　　图画是一种投射技术，它反映人们内在的潜意识层面的信息。人们用语言文字表达自己的思想和情绪的时候会有防御心理，而用图画来表达的时候则会把真实的自己展现出来。图画传达的信息比语言和文字表达的信息更丰富、更具体、更形象、表现力更强。

　　图解是对人脑思考过程的模拟，其本身就是人们思维加工的过程——能够把复杂的东西简单化，把平面的东西立体化，把抽象的东西具体化，把无形的东西有形化。因此，图解思考法无论是在理解、记忆信息方面，还是在制订计划、解决问题等方面都有明显的优势。

　　图解思考法可以帮你学习和存储你想要的所有信息，并对信息进行系统地分类，使思考过程条理清晰、中心明确。图解思考法还可以强化大脑的想象和联想功能，就像在大脑细胞之间建立无限丰富的连接，让你更有效地把信息放进你的大脑，或是把信息从你的大脑中取出来。

　　一般来说，用图解的方法思考问题与用文字思考问题相比有很多优点，主要方面如下表所示。

语言文字表达	图画表达
防御性、掩饰	潜意识、真实的自己
复杂、平面、抽象、无形	简单、立体、形象、有形
线性、循序联想	四通八达、随机存取联想
杂乱无章，不容易理解、记忆	有序、彼此连接，很容易理解、记忆
费时、费力、费纸张	省时、省力、省纸张
模棱两可、可能会遗漏信息	尽可能的全面、多种可能性
呆板、单调、传统	活泼、醒目、有创造性

阅读文章必须逐字逐句依照前后顺序阅读，还要注意前后文的关系，否则断章取义可能会误解文章的意思。用文字做笔记也是一样，从上到下呈线性地一行一行地写下来，既没有重点显示，又需要花费一定的时间来理解。文字的这种前后连续的关系要求我们进行"循序联想"。这种思考方法费时费力，而且不容易理解、记忆。

我们再来看图解思考法，无论你开始时把着眼点放在哪里，都能很好地理解图中的意思，因为各个关键词之间的关系一目了然。这是一种"随机存取"的联想，你可以在短时间内找到你需要的信息。

借用文字和语言沟通的时候，常常会出现前后矛盾和信息欠缺的问题。尤其是一些长篇大论，表达的一方可能会顾此失彼、遗漏信息。阅读的一方很难在短时间内把握文章的中心思想，常常看不清楚文章的脉络关系。如果把文章的内容图解化，矛盾和缺失之处就会显露出来，传达的信息就会很容易理解。如果信息之间存在逻辑矛盾，就不能用图解来表达。

我们曾把人的大脑比做一个图书馆，里面存储了很多信息，但是这些信息处于散乱状态。运用图解的方式，我们就可以使各个信息之间的关系清楚地表示出来，当提到某一个信息时，与之相关的信息都会浮现出来。这可以使你更容易地学到更多的东西。

你有没有这样的经历，在学习过程中很难记住一些内容，尤其是历史事件、政治理论等内容，就算死记硬背记住了，也会很快忘掉。图解思考法可以帮助我们更好地记忆，更有效、更快速地学习。当你把一段文字用图解的方法表示出来之后，你就能很容易地记住文字的内容，而且过后也不容易忘记，因为图解展示内容的方式与大脑的工作方式一致，可以把文字内容更有系统地整理出来。

东尼·伯赞在十几岁的时候就发现了一个悖论：他所记的笔记越多，学习和记忆力就越差。为了改变这种状况，他在笔记中关键的地方画红线，重要的地方画框框，很快他的记忆力就得到了提高。他后来发明的思维导图实际上就是一种创造性的记笔记的方法，使用颜色、符号、图像和关键词把信息描绘出来，形成一幅彩色的、高度组织的、容易记忆的图画。

他发现世界上 99.9% 的人都在使用文字、直线、数字、逻辑和次序的方法记笔记。这确实很有用，但是这并不完整。这种方法体现了左脑的功能，但没有体现右脑的功能。右脑掌管视觉，处理影像、图形，所以擅长图解的人相对来说右脑比较灵活。人脑对图像的加工记忆能力大约是文字的 1000 倍。然而大多数人的右脑处于沉睡状态，只开发了不到 3% 的潜能，如果把右脑的功能全部利用起来，我们的大脑的思考能力将提高 30 倍。

很多企业都将图解思考法应用于企业的决策、研发等环节之中，比如美国波音飞机公司将所有的飞机维修工作手册绘成一张长 7.6 米的思维大导图，使得原来要花 1 年以上的时间才能消化的数据，现在只用短短几周就可以使员工了解清楚。波音公司负责人迈克·斯坦利说："使用图解是波音公司质量提高的有效手段之一。它帮助我们节省了 1000 万美元。"

图解思考法可以使我们集中注意力，避免模棱两可的表达，对思想进行梳理并使它逐渐清晰，让你看到问题的全景。我们用文字表述一件事的时候很容易偷懒，只要在句尾加上"等等"就可以把一些信息带过。比如"公司里有销售、采购、人事等部门"。运用图解思考法，就可以尽可能完整、清晰地把信息表达出来。

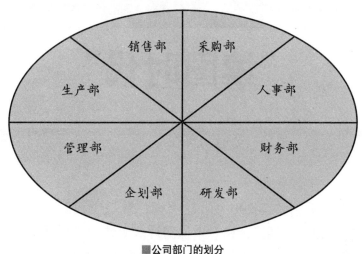

■公司部门的划分

　　运用图解可以使发散思维得到的想法和创意更加直观地展现在纸上。当我们用语言和文字来表述发散思考得到的结果时，大脑处于盲目的、无序的状态，可能会遗漏一些解决问题的办法。把我们的思想绘制成图，因为条理清楚，所以能够更全面地搜寻各种潜在的可能性，帮我们在短时间内找到更多的解决问题的办法。

　　当我们用文字表述的时候，只能用黑色、蓝色钢笔或圆珠笔来书写，放眼望去，你的笔记是一种单调的颜色，这让人感到呆板、乏味，甚至会产生厌烦心理。图解思考法活泼、醒目，文字、数字、符号、颜色、味道、意象、节奏、音符等多种形式都可以灵活运用，可以充分调动左右脑的功能，运用图像语言进行创造性思维。让我们的大脑最大限度地发挥想象和联想，在各个领域产生无数创意。

第四节

"读图时代"

　　我们常常听到"读图时代"这个词，就是说我们进入了这样一个时代：文字让人"厌倦"，相对来说图片能更快捷地传达信息，图片的灵活多变性更能刺激我们的眼球，丰富我们的求知欲和触动我们的神经。烦琐的文字不如图片简单易懂、印象深刻。一幅含义深刻的图画，配上两三个字的标题，就能让人心领神会。总之，图解就是一种用眼睛看的思考方式，几乎所有的东西都可以绘制成图。

　　有时，运用图画可以使传达信息的效率大幅度提升。比如你这个月的工作行程安排，与其用文字的形式一行一行地描述，不如用图表的方式表达更一目了然。

本月工作行程安排表					
1 日 9：00开会	2 日	3 日	4 日	5 日	6 日
7 日	8 日	9 日 15：00报告	10 日	11 日	12 日	13 日
14 日	15 日	16 日	17 日	18 日 11：00检查	19 日	20 日
21 日	22 日	23 日 9：00值勤	24 日	25 日	26 日	27 日
28 日	29 日	30 日 15：00讨论			

　　有人可能会担心用图画表达思想会给沟通带来障碍，这种担心是多余的，因为图画天然的功能首先是表达和沟通，其次，才是美学意义。事实上，用图画传达信息比用文字和语言传达信息更直观、更有效。

　　你可以用图解思考法计划一次演讲、处理家庭事务、准备购物、计划一个浪漫周末或者说服别人。

　　烦琐的家务事让家庭妇女感到头疼，她们既是妻子，又是母亲，还有自己的工作，如果不能对各项事情进行合理的安排，生活就会陷入一片混乱。儿子可能会从学校打电话来抱怨忘了带球鞋；丈夫可能会提醒她有一个重要的商务晚餐；明天有朋友来家里吃饭，但是可能没有足够的食物……

　　有一位家庭妇女了解图解思考法之后，开始运用图解思考法为每天、每周、每月的家庭事务制订计划。她把图解贴在冰箱的门上，为的是每天都能看到。这种方法使一切都井然有序了，并且保证了家务管理方面有非常高的效率。她在周末绘制下一周的家务图解，然后在下一周当中不断完善它。

　　当你想理解一篇艰深难懂的文章的时候，或者想记住一些信息的时候，同样可以借助图解的方法。运用图解你可以把一本书的信息展现在一张纸上。因为每一个图像都包含许多个词汇，看到一个图形你就能想起一系列的相关信息。

　　甚至计划一次商务风险投资，或者规划自己的美好未来，都可以用画图的方式来解决。每个人都对自己的未来有美好的愿望，运用图解这种世界上最尖端的思维工具，你可以使自己的愿望视觉化，这会大大增加你实现愿望的可能性。

　　准备一张足够大的纸，然后让你的想象力爆发吧！你可以把自己想实现的一切愿望表现在纸上，包括事业、学业、婚姻以及物质领域和精神领域。你还可以在以后的生活中经常审视你的未来图像，并对它进行修正和补充。把目标视觉化之后，它会深刻地印在你的脑海中，并指导你朝着实现它的方向前进。很多人尝试使用图解思考法来规划自己的未来，并发现它真的具有神奇的力量，短短几年之内，他们的愿望 80% 都实现了。

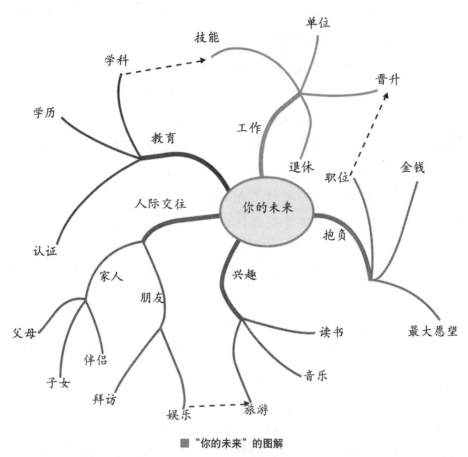

■ "你的未来"的图解

你还可以对理想生活中的每一天做一个图解，描绘出完美一天的要素，并力求实现它们。这会给你的生活添加快乐和希望。当你把图解思考法应用在生活中的各个领域之后，你会发现它能使你的生活变得更加丰富、高效、充实、成功。

没有什么是不能通过图画来表达的，如果你看到一个问题无法进行图解，原因很可能在于信息不足，或信息之间存在矛盾。

第 五 节

如何绘制图解

通过前面所讲解的图解思考法的神奇功效，你是不是已经跃跃欲试，打算绘制自己的第一张图解了？也许开始时你会觉得很难绘制，其实绘制图解一点儿都不难。

绘制图解最基本的原则就是放弃成段的文字，改用图形、表格、图表和插画来表达自己的意思。首先，将头脑中想到的事情用一些关键词写在一张纸上，充分运用想象和联想把头脑中浮现出的信息全部写下来，然后用线条把相关事件连接起来，或用一些符号把事件之间的关系表示出来。这样图解就完成了一半。

有了整体轮廓之后，再从细节着手，加入一些基本图形或插画，使所有信息都有视觉化的效果。这样的图解更生动、更形象。

图解思考法和其他思考法一样也要经过训练才能掌握其中的诀窍。绘制图解之前要准备一张大一点的白纸，然后，保持自由的心态，就像在白纸上画画一样，发挥你的想象力。之所以在刚开始绘制图解的时候要使用大一些的纸，是因为最初使用这种方法的时候难免要发生逻辑错误。图解只有具备逻辑性才有说服力，必须经过不断练习才能使错误逐渐减少。这是一个必要的过程。图解思考专家西村克己说："绘制图解不可欠缺的工具是橡皮擦。"

　　绘制图解首先要明确自己想通过图解解决的问题是什么，是为了更好地理解一篇文章，还是为了制定一项计划，或者为了寻求新颖的创意？明确目标之后，才有搜寻信息的方向，从而绘制出与问题相关的全景图。

　　绘制图解应注意：

　　（1）着手绘图之前要确定整体的布局和结构，保证完成之后的图解和谐美观。

　　（2）在中心位置绘制你的思考对象，周围留出空白。用简短的大号字表示出要解决的中心问题。这样可以让你的思维向四面八方自由扩展。

　　（3）用图画或图像来代表一些值得关注的思考点。一幅图可以刺激大脑进行想象和联想。图画越生动，越能使大脑兴奋。

　　（4）在绘制过程中尽量使用彩色。色彩同样可以使大脑兴奋，使你的思维更加活跃。而且，色彩可以使信息摆脱呆板、单调、沉闷的气氛，让你的图解变得有趣。

　　（5）将思考对象与由此引发的思考点连接起来，使各个部分的关系明确起来。这样可以使大脑更容易地发挥联想，从而对信息进行有效地理解和记忆。

　　（6）在每条分支上写上关键词，尽量不要使用短语和句子。两三个字的关键词既能指引你的思考方向，又能给思维留下广阔的想象空间。

　　（7）尽量多地使用图形。图解中的图形越多，那么图解的内容就越丰富。但是，要注意图解的美感与和谐度。

　　（8）一张纸解决一个中心问题。如果妄图在一张纸上表达太多的问题，就会让人感到混淆不清，使问题更加难于解决。如果思考对象相当复杂，也可以试着把它分解成两三个项目进行思考。

　　从众多的信息中找到合适的关键词需要一定的技巧。在表达意思的时候，如果修饰词和连接词没有什么意义就可以删除掉，或者用箭头和连线代替。你在平时阅读的时候，可以在能够表达文章中心思想的重要词下划线，用这种方法来训练自己寻找关键词的能力。

与思考对象相关的关键词会有很多，如果用单一的颜色或单一的图形来表示就会造成混乱、没有条理。表达关键词有一定的技巧，我们可以把关键词分为三类，用三种颜色或三种不同的图形来表示。假设我们把 A 作为一类，那么与 A 类相反的信息就是 B 类，剩下的其他情况归入 C 类。可以把 A，B，C 分别用红色、黄色、蓝色来表示，或者分别用圆形、方形、三角形来表示。

找到与思考对象相关的关键词之后，把意思相近的关键词组合在一起，如果有重复的地方可以擦掉一个。然后，用图形将关键词圈起来，就有了图解的模样。接下来，把有因果关系、包含关系、对立关系的关键词用箭头连接起来。这样你就绘制了一幅全景图。

不要一开始就期待绘制出完美的图解，在开始绘图的时候可能把握不好图形的布局和整体结构，不能对信息进行有效地分类处理。俗话说"熟能生巧"，经过一些练习之后，你就能很好地掌握图解的技巧了。

 运用图解表示出你的节假日活动。

第 六 节

好的图解，不好的图解

　　虽然说图解比文字更能够使信息条理化、更能够帮助人们理解和记忆信息的内容，但是如果使用不当，不但不能使信息条理化，反而会使问题更加复杂。要想绘制出好的图解，我们就要掌握好的图解应该具备哪些特点。

　　什么样的图解是好的图解，什么样的图解是不好的图解呢？其实判断标准很简单，能够实现图解的目的的就是好的图解，否则就不是。

　　图解的目的有以下几个方面：

　　（1）使问题一目了然，从宏观上展现出思考对象。

　　（2）有效地传达信息，防止信息遗漏或重复。

　　（3）很好地展示思考点之间的相互关系，比如因果关系、包含关系。

　　（4）使信息之间具有逻辑性和顺序性，避免前后矛盾。

　　（5）运用颜色和插画可以使图解的内容更丰富、更形象。

　　图解也是一种美学，好的图解不但要有传达信息的功能，还应符合人的审美要求。美观、和谐的图解，让人看了之后赏心悦目，自然也容易接受；单调的、杂乱无章的图解，让人看了就心生厌烦，很难在宏观上把握图解要展现的信息内容。

　　好的图解应该具有整体感和均衡感。图形和文字的大小要适中，并留有一定的空隙，不要太紧凑，也不要太松散。太紧凑会给人压抑的感觉，太松散则会失去整体感。因此绘制图解时要注意图解中颜色、图形的和谐搭配。

在绘制图解之前，首先要规划图解整体的排版配置，原则上应该是先画好图形，然后再添加文字，画图的时候要同时考虑整体图解的配置。图解的视觉性很强，版面是否和谐非常直观。简言之，能够使原本模糊的信息和逻辑清晰表现出来的图解堪称好的图解。

绘制图解时不要追求复杂化，不要贪图表达太多的信息，简单的干净利落的图解更容易让人理解。图解高手应该能很好地把握哪些信息是重要的，哪些信息是多余的，然后把多余的删除掉，留下重要的信息，就能使图解清晰明了。当你想用多张图解说明一个问题的时候，要注意它们在风格上的一致性和逻辑上的关联性。

下面我们再从好的图解和不好的图解的对比关系中把握二者的区别。

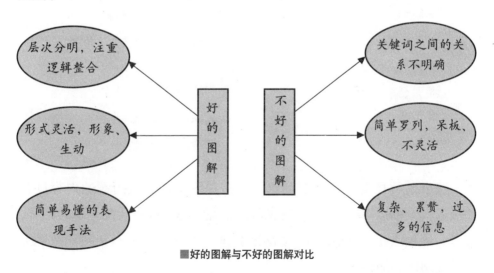

■好的图解与不好的图解对比

好的图解要注重关键词之间的逻辑关系，否则图解就会混乱，比文字更加难以理解。要想使图解具有逻辑性，首先要掌握整体轮廓概要，以及各关键词之间的逻辑关系，包括因果关系、包含关系、对立关系、并列关系等。因果关系可以用箭头来表示，包含关系可以用大圆套小圆来表示，对立关系可以用双向箭头来表示，并列关系则可以让两个关键词相互独立。

此外，好的图解应该是形式灵活多样的，而不是简单的信息罗列。在绘制图解的过程中，应该大胆尝试运用色彩、阴影、立体化和插画等元素使图解的视觉效果丰富起来。绘制图解时应该大胆删除掉多余的信息，使主要内容清晰明了起来。

案例：以下是人们常用的图解，请对比这两个关于如何增加公司效益的方法的图解。

不好的图解：

增加公司效益的方法	
降低成本	增加销量
减少折扣率	减少设备投资
降低加工费用	吸引更多的顾客
增加既有顾客的购买量	给顾客提供优惠条件
加大广告宣传	减少人事费用
减少包装费用	减少水电费用
创立品牌	商品高级化
做各种促销活动	降低固定费用

这个图解只是简单地罗列出了一些关键词，表格两端的内容没有什么逻辑关系，"增加"和"减少"混合在一起，给人杂乱无章的感觉。总之，人们看了这个图解，会感觉条理不清楚、层次不分明，基本上没有起到图解的作用。

好的图解：

增加公司效益的方法

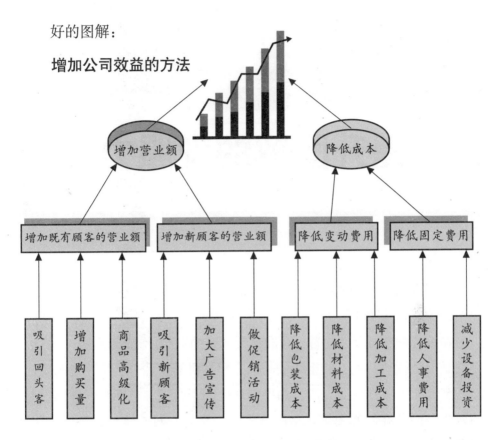

这个图解对各个关键词进行了阶层分组整理，先从总体上把所有的关键词分为两类：增加营业额和降低成本。然后又分别对每一类进行细分，增加营业额的方法又分为增加既有顾客的营业额和增加新顾客的营业额两类，降低成本的方法又分为降低变动费用和降低固定费用两类。所有具体的方法基本上都可以归入这4类，这就使每一具体的方法都与上一层级体现出一定的逻辑关系。另外，色彩、立体效果、阴影效果的运用使整体图解更加生动、形象。

提升图解的说服力

要想提升图解的说服力首先要清楚地指出整体的构成要素：

1. 从宏观至微观

在组装一台机器之前首先要准备好所有的零件，缺了任何一个零件，哪怕是一个螺丝钉也不能组装成一个完整的机器。此外，零件之间要互相匹配。无论零件多么先进，如果零件之间不合适，也不会发挥出很好的效果。因此在绘制图解之前应该先统观全局，对整体轮廓进行把握，否则就会"只见树木不见森林"，对信息有所遗漏或者出现逻辑错误。

从宏观到微观的思考模式很重要，它可以帮我们迅速地理解所有信息的大体内容。你可以先设想一下如果图书没有内容简介和目录会怎么样？除了书名之外，你无从了解一本书的内容，只能一页一页地阅读。如果有内容简介和目录就不同了，你可以很快知道书中主要讲的是什么，甚至对各部分的逻辑关系都会有一定的了解。你还可以直接翻到自己感兴趣的那一章阅读其中的内容。从某种意义上说，内容简介和目录就相当于对书中的内容进行了图解。

从宏观到微观，从整体到局部的顺序符合人们接受信息的习惯，并与人们辨别、理解和记忆信息的能力相适应。我们无法一下子掌握100多页的信息，即使一页一页地看完，也可能看了后面的就忘了前面的。但是如果把信息在一张纸上绘制成图，你就能很快地掌握大体的轮廓。无论是做说明报告，还是分析做一件事的过程，运用从宏观到微观的顺序，都很容易让人理解并接受。而且看过之后，也不容易忘，想到相关问题的时候，那幅图就会自动浮现出来。

从宏观上把大体轮廓展现出来之后，接着就该描绘细节部分了，从微观上把大量信息整理出来。比如工厂的业务过程图就是从宏观上来表现的，要想细致地了解每个环节是如何运作的，就要从微观上绘制每个环节的运作流程。图中以产品的研发为例，从细节上展现研发的过程。

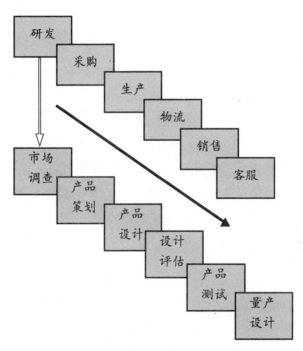

■工厂的业务过程

从宏观到微观的思维模式还有一个好处：从整体上把握思考对象之后，你就能知道哪些信息是重点，哪些信息是非重点，然后对重点内容着重理解和分析，而非重点内容就可以快速浏览过去。

2. 随时注意是否有遗漏和重复的信息

如果遗漏某些信息，就不能完整、全面地了解问题，可能会让你失去很多机会。如果信息出现重复现象，就会给理解造成混乱，还会让你把简单的问题变复杂，花费更多的时间和精力处理重复的信息。因此要想提高图解的说服力，就要随时注意是否有遗漏和重复的信息。

避免信息遗漏或重复的有效方法是对信息进行有效地分类，如果宏观分类不能涵盖所有的信息，那么在细节上就很有可能会遗漏信息。如果分类出现交叉现象，那么在填充详细信息时就可能会出现重复。

比如前面我们提到的例子：如何提高企业利润。针对这个问题如果把方法锁定在提升营业额和降低成本两个方面，就会忽略掉一些其他的方法。因此最好在分类时加入"其他收入来源"，这样你就会自动地想到提升营业额和降低成本之外的方法。

3. 排列信息的优先顺序

信息有主次之分，有些信息对我们理解问题、解决问题很关键，有些问题则可以忽略不计。如果像关注关键信息一样关注那些无关紧要的信息，就会浪费很多精力。因此绘制图解时要把信息按照优先顺序排列，以便舍弃多余的信息，把注意力集中在比较重要的信息上。

比如，当你为高档汽车寻找目标消费群的时候，应该把注意力集中在那些事业有成的人身上，而不应该把过多的精力花费在打工者身上。

第七章

灵感思考法

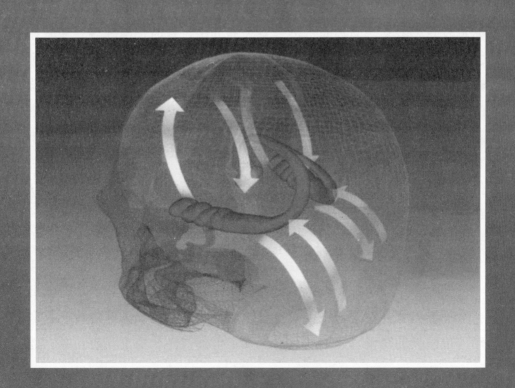

第 一 节

灵感的特征

你有没有这样的经历：面对一个问题百思不得其解的时候，转移一下注意力，突然间灵光乍现，想到了一个好办法。这就是我们常说的灵感。

灵感不是凭空产生，而是建立在长时间的探索基础之上的。如果你长时间思考某一问题而得不到解决的办法，暂时把问题搁置在一边去干别的事或者休息一会儿，往往会忽然受到某一事物的启发，想到解决问题的办法。因为在你干别的事或休息的时候，潜意识处于活跃的状态，还在继续思考，外界的偶然刺激会给潜意识带来启示，并进入意识层面的思考。潜意识中存在大量的信息，信息量比意识层面丰富得多。当意识停止思考的时候，潜意识还在做大量的尝试，把各种信息与思考对象联系起来，一旦找到解决问题的方法就会与意识建立连接，表现为灵感的出现。

灵感具有以下特征：

1. 突发性和触发性

灵感总是给人带来意外惊喜，你不知道在哪一刻潜意识中的信息会与外界信息突然接通，引发奇思妙想。当年，约翰·施特劳斯在多瑙河边散步的时候，美丽的风景激发了他的灵感，由于没有带纸，他竟然把《蓝色多瑙河》这首著名的曲子写在了衬衫上。因此为了捕捉灵感，我们应该随身携带一支笔和一个笔记本，在枕边也要准备好纸笔，也许灵感会在睡梦中拜访你。唐人李德裕曾以"恍惚而来，不思而至"来表述灵感的突发性。当你费心费力地寻求它、等待它时，它却偏偏不来；而当你准备放弃、不再理它的时候，它却突然降临了。

灵感的触发性表现为主体与客体的碰撞，即外部事物对潜意识的偶然刺激。屠格涅夫乘船游莱茵河时看到岸边楼上眺望的老妇和少女，产生了灵感，由此写成《阿霞》；列夫·托尔斯泰看到路旁折断的牛蒡花，产生了创作灵感，写成了《哈泽·穆拉特》……古希腊著名的物理学家和数学家阿基米德的故事就很好地说明了灵感的触发性。

有一次，工匠为国王做了一顶金冠，国王怀疑工匠偷工减料，在王冠里掺杂了其他的金属，但是又不知道如何检验。于是，他让阿基米德想办法弄清楚金冠是不是纯金的。

阿基米德被难住了，冥思苦想却一直想不出办法。

■浴盆中的阿基米德

传说阿基米德在洗澡时受到了启发，发现了有名的浮力定律，即浸在液体中的物体受到向上的浮力，其大小等于物体所排出液体的重量。

有一天，他去洗澡。他刚站进澡盆的时候，水就往上升起来，他坐了下去，水就溢到了盆外。他恍然大悟，兴奋地从澡盆里跳出来，没穿衣服就跑出去，大声喊着："我知道了！我知道了！"周围的人以为他疯了，事实上他找到了检测金冠的办法。

阿基米德找了一个水罐，将里面注满水，又向国王要了一块跟给工匠做王冠用的一样重量的纯金。然后，他分别将王冠和纯金放入水罐。结果发现放王冠时水罐里溢出的水要比放纯金块溢出的水多。阿基米德由此断定，工匠给王冠里掺了其他金属。

2. 瞬间性

灵感转瞬即逝，如果你没有来得及抓住它，它就会飘逝得无影无踪，给你留下遗憾。因为灵感是潜意识带给我们的指引，有点像梦中的景象，稍不留神灵感的火花就会熄灭。

宋代诗人潘大临的一次经历可以证明灵感的瞬间性。在临近重阳节的时候，下起了一场秋雨。他诗兴大发，随即赋道："满城风雨近重阳。"就在这时，一个催租人突然闯了进来，打断了他的创作灵感，他便再也写不出下文了。尽管催租人走后秋雨依旧，但诗人再也找不到灵感了。

3. 情感性

当灵感来临时，是一种顿悟的状态，往往伴随着情绪高涨、神经系统高度地兴奋。尤其在艺术创作领域，灵感的情感性特点体现得非常突出。

郭沫若创作《地球，我的母亲》的时候，突然间来了灵感，他竟然脱了鞋，赤着脚跑来跑去，甚至索性趴在地上，去真切地感受"母亲"怀抱的温馨。

4. 模糊性

灵感只是给你指明一个方向、一个途径，要想取得最后的成果，还要对它进行深入的加工。有时，灵感只给我们提供了一些零碎的启示和线索，沿着这条线索进行思考，就能得出意料之外的成果。

5. 独创性

灵感有时会给我们带来令人耳目一新的奇思妙想。灵感的出现是创造性思维的质的飞跃，它不是逻辑推理的结果，而是在外界事物的刺激下对原有信息进行的迅速的改造。

灵感的独创性还体现在它的不可重复。灵感来临时，会在大脑皮质产生复杂的神经联系，一旦注意力转移，这种神经联系就会处于消极状态，即使再用与之前相同的客观事物进行刺激，也不会带来更多的灵感了。

灵感的激发和运用

虽然灵感的产生有很多不确定的因素，但是我们还是可以找到激发和运用灵感的方法。按照正确的方法进行思考以图产生更多的灵感，并且在灵感来临的时候能够及时抓住灵感。

俗话说："机遇偏爱有准备的人。"灵感也是一样，它不是神乎其神的东西，而是基于大脑中储存的信息和经验做出新的整合。虽然我们不能确定灵感在什么时候产生，但是我们可以明确灵感产生的原因和条件。

要想产生灵感、抓住灵感并使灵感发挥作用，我们应该做到以下几点：

第一，要明确一个思考对象，设立一个思考目标。如果没有目标大脑就会处于一种盲目的状态，没有要解决的问题也就不会产生能够解决问题的灵感。当目标明确之后，你的潜意识就会朝着那个方向努力，并会尝试把各种信息与思考对象建立联系，以求找到解决问题的办法。

第二，要积累与思考对象相关的经验和知识。一个对自己思考领域一窍不通的人，很难在那个领域产生灵感。经验和知识的多少与获得灵感的可能性成正比。一个人在某一领域积累的经验和知识越多，那么他在思考那方面的问题时，获得灵感的可能性就越大。

第三，要想让灵感光顾，还要养成勤奋学习、善于思考的习惯。

如果你坐在家里守株待兔，永远也等不到灵感光临。音乐家柴可夫斯基曾经说过："最伟大的音乐天才有时也会为缺乏灵感所苦。灵感是一个客人，但并不是一请就到。在这当中就必须要工作，一个诚实的音乐家决不能交叉着手坐在那里……必须抓得很紧，有信心，那么灵感一定会来。"

灵感产生之前必然要经过一个长时间的思考过程。在这个思考过程中，你可能举步维艰一无所获，你甚至会怀疑自己的方向不对或思考方法不对。因为没有任何迹象表明你所付出的努力会有回报，但是灵感的产生就是建立在这些看似没有回报的努力基础之上。事实上平日里有意识的努力推动了潜意识的工作，只要你锲而不舍，潜意识就会在你没有察觉的情况下带给你灵感。

第四，要想让灵感早点到来，必须有强烈的解决问题的愿望。爱因斯坦曾经说："如果普通人在一个干草堆里寻找针，他找到一根针之后就会停下来。而我会把整个草堆掀开，把散落在草里的针全部找到。"这种彻底地解决问题的欲望是爱因斯坦取得伟大成就的重要原因。解决问题的愿望越急切，思维活动就会越积极。

很多灵感都是在强烈的解决问题的欲望驱使之下发生的，当你有意识地急切地寻求解决问题的方法时，潜意识也会更加积极地参与思考活动。

第五，劳逸结合，放松身心。我们强调急切地寻找解决问题的办法，但是并不是说要让自己的大脑时刻处于紧张、疲惫的状态，那样的话会导致思维的停滞，灵感会被窒息。积极地有意识地思考只是为灵感的出现做前期准备，灵感喜欢在大脑放松的时候造访思考者。因为当你放松的时候就会使外界信息刺激潜意识里的信息，从而撞击出灵感的火花。

冥想是放松身心的非常有益的活动，可以使人心境平和、精神放松，有助于大脑进行自我调整。心理学家研究表明，冥想是产生灵感的最佳状态。

第六，抓住灵感。灵感出现的概率比我们想象的要多，但是由于我们不能及时抓住灵感，导致很多灵感一闪即逝，没有给我们带来实际的效益。灵感来去匆匆，不以我们的意志为转移，要想随时捕捉不期而至的灵感，我们就要像捕猎者一样时刻做好准备。那些富于创造力的画家、作家、音乐家都在书桌边、手边、枕边随时准备好笔和纸，以迎接灵感的到来。

好不容易才能等到灵感的光顾，所以当灵感出现的时候要抓住不放，如果让到了手指尖的灵感逃之夭夭，只能给自己留下遗憾。美国学者罗伯特说过："许多富有创造精神的人都曾经体验过获得灵感的滋味，同时他们也常常感到惋惜。由于事先没有准备，没有及时记录下这些灵感，时过境迁之后，就再也记不起来了。"

第七，把奇思妙想转化为发明创造。抓住灵感之后，就要付诸实践，只思不行，会使灵感成为空想，那么这对我们毫无意义。

马尔柯姆本来只是一个普通的卡车司机。有一次，他把货车开到一个港口之后，不耐烦地等待卸货装船。在他等待的过程中，忽然灵感来临了：为什么不想办法把货车开到船上呢？这样既省时又省力。他抓住了这一灵感并付诸实践，经过不断地设计和改进终于发明了集装箱。后来，他成立了第一个集装箱队。

很多人想到一些奇妙的主意之后，并不马上付诸实践，结果灵感只停留在设想阶段，并没有发挥作用。他们可能觉得自己的想法太不可行，其实真正阻碍他们把灵感应用到实践中的原因是不敢打破常规限制，而且他们比较懒惰。如果当初马尔柯姆有了那个想法之后一笑了之，不再寻求实现那个设想的方法，那么也许今天还能看到码头上不断卸货装船的情景。

自发灵感

当你用很长时间钻研一个问题之后，头脑中已有的信息互相激荡，忽然间令你茅塞顿开，产生创造性地解决问题的方案（不借助外部因素的刺激），这就是自发灵感。

自发灵感是由潜意识的大量活动带来的灵感。很多科学难题都是科学家们通过自发灵感解决的。比如我国著名的数学家侯振挺证明数学难题"巴尔姆断言"的过程，就是对自发灵感的利用。

很长一段时间，侯振挺研究"巴尔姆断言"都没有结果。他几乎把所有的时间都花费在对"巴尔姆断言"的证明工作上，甚至吃饭、睡觉、走路的时候头脑中都在思索着这个问题。他感到自己一次次接近问题的边缘，但就是找不到出路。经过长时间的思考，证明它的轮廓已经在脑子里形成了，但是有些问题就像大山一样挡住了出口。

后来他感到很难再有所突破，便把自己的思考成果做成一份文件，准备让一位同学带回学校去请教老师。就在他送同学去车站的时候，脑子里忽然灵光乍现，他好像看到了穿过那座挡路大山的一条幽径。火车马上就要开了，他留下了那份文件，立刻在车站旁的石凳子上进行推导，那条幽径越拓越宽。十几分钟后，他已经闯过了那座大山。没想到这么容易！日日夜夜折磨着他的难题竟然只用了十几分钟就完成了！

自发灵感完全凭借思考者潜意识里信息的不断积累和激荡，当积累到一定程度就会爆发，激活大脑的所有神经元素。当这种自发灵感来临之际，由于它的神秘性和巨大的创造力，往往使思考者的情绪异常高涨。

被誉为世界第一男高音的意大利歌唱家帕瓦罗蒂竟然不识乐谱。这个消息在媒体上报道之后，让人们感到非常震惊。但是，这是千真万确的事情，帕瓦罗蒂本人后来向媒体坦然证实了这一点，他真的不懂乐谱。人们无法理解，不懂乐谱怎么唱歌呢？帕瓦罗蒂解释说："我不是音乐家，不需要懂乐谱。唱歌和作曲是两码事，我是用头脑和整个身体歌唱的。"所谓的用头脑和整个身体歌唱，实际上就是借助于自发的灵感来对音乐进行诠释。

自发灵感遵循长期积累，偶然得到的原则、解决问题的方法长期在潜意识中孕育，一旦成熟之后就会拨云见日，豁然开朗。除了冥思苦想忽然计上心头之外，它还有另一种形式，即

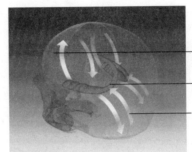

梦境产生于额叶皮层。

大脑的海马组织重放日间所经历的事情。

视觉区域重新放映日间看到的景象。

■人在做梦的时候，大脑会重放最近所经历的事情，并会把它们埋入记忆深处。有时在梦中会突发灵感，白天所冥思苦想的问题就"自动"解决了。

在梦境中获得灵感。人们常说："日有所思，夜有所梦。"的确如此，当你钻研一个问题很长时间之后，即使睡着了，你的大脑潜意识还在对这个问题进行思索，潜意识的活动在梦中虽然表现得无序、怪异、零乱、模糊，但是也能够给我们带来一些灵感。

梦境是对大脑思维的一个自动整理筛选的过程，可以说做梦是进行创新的重要途径。诺贝尔奖获得者英国科学家克里克认为做梦可以消除掉大脑中的无用信息，使思维变得更加敏捷。俄国化学家门捷列

夫发现元素周期律，就是在梦中得到灵感的典型例子。

门捷列夫从 23 岁开始致力于探索千差万别、性质各异的元素之间的规律。他把各种已知元素写在卡片上，然后尝试各种方法对这些卡片进行排列，以求发现其中的规律，在这个问题上他苦苦探索了 20 年。有一天，他在摆弄那些卡片的时候疲倦地趴在桌子上睡着了。在梦中他看到那些卡片活了起来，自动组成了规则的排列。当他醒来之后，迅速按照梦中的排列顺序将已知元素有规律地排列了起来，而且预言了 11 种尚未发现的元素。

记者问他如何在梦中发现元素周期律的，他说："并不像你想的那么简单，这个问题我大约考虑了 20 年才得到了解决。"

开动
你的脑筋

在日常生活中，你有没有自发灵感解决问题的经历呢？如果有，请写下来。

1. _____

2. _____

3. _____

第四节

诱发灵感

诱发灵感是指根据生理、心理、爱好、习惯等方面的特点给灵感的到来提供一定的环境，促使解决问题的方案在头脑中产生。欧阳修有句名言："余生平所作文章，多在三上：乃马上，枕上，厕上也。"说的就是这个道理。可能对欧阳修来说在马上、枕上、厕上的时候，思维更加活跃，更能够诱使灵感发生。

第二次世界大战期间，美国将军赖特曾负责制订作战计划。他是一位优秀的将军，总能想到完美的作战计划。据他的助手透露，他和下属一起轻松地吃完午餐之后，就独自在办公室里待一个小时。在办公室里，他舒展开四肢躺在沙发上，望着天花板。当他从办公室走出来的时候，他就能想出至少一个新奇的方案。

赖特正是运用了诱发灵感的方法，有意识地营造有助于产生灵感的情境，使解决问题的方案快速在头脑中产生。心理学家研究发现，当人的心理和生理处于放松状态的时候，常常会有灵感来临。因为这时大脑优势兴奋中心被抑制了，兴奋中心外围的大脑皮质细胞开始兴奋起来，并引发具有创造性的解决问题的方法。

酒精可以刺激大脑神经系统，适度饮酒可以诱发灵感。

天宝元年，李白受举荐来到长安，唐玄宗对他礼遇有加，封他为翰林。有一天，唐玄宗与杨贵妃在沉香亭观赏牡丹，雍容华贵的牡丹开得正艳。唐玄宗忽然想到了李白：为什么不让他写几首诗文赞美一下这些牡丹呢？于是就命高力士去找李白——李白正在长安的一家酒楼畅饮。

高力扶着酒醉的李白来到唐玄宗面前，唐玄宗看到这番情景，生气地说："朕本来想让你做几首诗文，为朕和贵妃赏牡丹助兴，你现在醉成这个样子，还能够赋词吗？"李白说："臣越是醉酒越能写出好诗来，请皇上赐酒。"玄宗立即命高力士为李白斟酒、研墨，李白畅饮三杯酒之后，握笔蘸饱墨汁，一气呵成，写出了三首脍炙人口的《清平调》。

想一想在哪些时候我们的大脑处于放松的状态？很多诗人和作家都是在散步的时候捕捉灵感的。潜意识里的信息可以趁着意识层面的思维空档，突破意识与潜意识之间的障碍，把信息传达给意识使用。这时的潜意识非常活跃，很有可能会想到解决问题的方法。

此外，诱发灵感的有效方法还有"假寐"和冥想。"假寐"是指清晨起床之前保持似醒非醒的状态，回忆一下悬而未决的问题，以求获得灵感。在这种状态下思考既可以梳理意识层面的东西，又可以调动潜意识的工作，即使得不到灵感，也可以对以往的思考做一个总结性的回顾。长期保持这个习惯就能使创造性思维得到训练，促使灵感频繁地发生。冥想就是停止意识层面的一切思维，专注于自身的呼吸或某种意识，使自己沉浸在抛开万物的真空状态。当你排除杂念之后，各种不良的情绪就会大大缓解，增强大脑皮质细胞的活性，使潜意识最大限度地发挥思维能力，从而带来灵感。冥想的方法有很多种，除了佛教的打坐冥想之外，还有音乐冥想、芳香冥想等等。

所有诱发灵感的方法都是为了达到使大脑放松的目的，大脑放松之后可以降低耗氧量，这时意识与潜意识之间的信息可以更畅通地交流。适合每个人的诱发灵感的环境不一样，你可以根据自己的喜好和实际经验选择一种适合自己的诱发灵感的做法。

触发灵感

触发灵感是指在长时间钻研某个问题的过程中，忽然在某些外部事物的触发下产生灵感，找到了解决问题的办法。

解析几何学的建立就是通过触发灵感思维取得成功的典型的例子。

法国数学家笛卡儿长期研究如何把几何和代数这两门数学统一起来，经过不断的努力还是找不到办法。有一天，他躺在床上发现一只苍蝇在天花板上爬，于是耐心地观察起来。忽然，他想到苍蝇、墙角以及墙面和天花板不就是点、线、面吗？点、线、面的距离可以用数字来表示。想到这里他兴奋地跳起来，在纸上画出三条线代表墙面与天花板的连接线，然后画了一个点表示苍蝇，分别用 X，Y，Z 表示苍蝇与两面墙和天花板之间的距离。这样就在数与形之间建立了稳定的联系，任何一个点都对应着三个固定的数据。由此，笛卡儿创立了解析几何学。

苍蝇在天花板上爬行这个外部事件触发了笛卡儿的灵感，把这个外部事件与他冥思苦想的问题联系起来，最终找到了解决问题的办法。当然，前提是笛卡儿已经对如何解决这个问题有了长时间的研究，当他看到与此相关的外部事件的时候，潜意识自然把二者联系起来，找到了相似之处，进行加工整理之后就得出了解决问题的办法。

触发灵感产生的一个特点是带来灵感的外界事物与思考对象之间具有一定的形似之处，把外界事物的原理应用在思考对象上，就得出了解决问题的办法。

鲁班有一次负责建造一座华丽的厅堂，在准备盖屋顶的时候，他不小心把用来做柱子的名贵的香樟木锯短了。香樟木很名贵，他赔不起，而且已经接近完工期限了，再去购买香樟木会延误工期。

鲁班为此愁眉不展，不知如何是好。这时，鲁班的妻子云氏说："咱们俩谁高？"鲁班说："你比我矮多了。"云氏说："现在比比看。"鲁班发现原来云氏脚下穿了一双厚底的木板拖鞋，头发高高耸起，还戴着一大朵簪花，和他站在一起，果然云氏更高一些。

这件事给鲁班带来了灵感，如果在香樟木下面垫一个雕花白色石头，在香樟木上面也放一个雕花的柱头，整个房柱不就高了吗？他计算好尺寸就实施起来。结果，这样设计出来的厅堂竟然比原来的设计更加华丽美观。

长期的思考过程是必要的，这可以为灵感的来临做好准备，在适当的外部事件发生的时候灵感就会一触即发。

瑞典化学家诺贝尔年轻的时候致力于研究液体炸药硝酸甘油。他想把它应用在开矿山和隧道施工中，但是液体硝化甘油的稳定性很差，非常危险。有一次，他的实验工厂发生了爆炸，他的弟弟和另外 4 个人被炸死。这次事故之后，政府禁止他重建工厂，他只好到一艘船上进行实验。

有一天，他从火车上搬下装有硝化甘油的铁桶时，不小心漏了一些液体硝化甘油在地上。他发现掉落在沙地上的硝化甘油很快就被沙子吸收了。仔细观察之后，他发现硝化甘油凝固在沙子里了，而且没有发生爆炸。这件事立刻激发了他，他欣喜若狂地喊道："我找到了！"回到实验室之后，他尝试着用硅藻土做吸附剂，使硝化甘油凝结在里面，这样可以保证安全运输。后来，在此基础上他又发明了黄色炸药和雷管。

当你花费很多时间和精力研究某个问题的时候，就会把所有注意力集中在相关方面，一旦出现什么异常现象就会引起你的注意，触发你的灵感。英国科学家弗莱明在1928年发现了青霉素这种疗效非常好的抗菌药，发明过程也体现了触发灵感的规律。

弗莱明小时候家境贫寒，没有钱上学，完全靠自学考取了伦敦大学圣·玛丽医学院。后来，他在参加战地救护时，目睹了大批伤员因伤口感染而被截肢，甚至丧失生命。于是，他下定决心寻找抗菌消炎的新药。

有一次，弗莱明外出休假，回到实验室之后发现一个未经刷洗的废弃的培养皿中长出了一种青灰色

■青霉素的发明
弗莱明在研究葡萄球菌时，意外地发现了在原来长了很多金黄色葡萄球菌菌落的培养皿里，有一种来自空气中的青绿色的霉菌可以完全溶解葡萄球菌菌落。于是在已有研究资料的基础上，他将这种抗菌物质称为"青霉素"。这一过程很好地体现了心理学上的选择性编码。

的霉菌。他没有放过这个异常现象，经过仔细观察他发现了这种霉菌的抗菌作用——葡萄球菌覆盖了器皿中没有沾染这种霉菌的所有部位。他又做了一系列的实验，证明了这种霉菌液还能够阻碍其他多种病毒性细菌的生长，而且不会损害正常的细胞。弗莱明把它命名为"盘尼西林"，也就是后来的青霉素。青霉素得到广泛应用之后，挽救了无数人的生命。

当你对一个问题钻研很长一段时间却找不到思路的时候，不妨先把问题放在一边，放松一下，也许其他的信息能够诱发灵感，给你带来启示。

逼发灵感

你的百米速度是多快？设想一下，现在有一只老虎在后面追着你，你能跑多快？可能你会打破世界纪录吧。当人的生命安全受到威胁的时候，体能会得到极大的激发。同样的道理，人的大脑在危急的情况下也会超常发挥，创造出在一般情况下不可能出现的奇迹，使问题得到圆满的解决。这种能够使我们绝处逢生、化险为夷的灵感就是逼发灵感。

逼发灵感也就是"急中生智"，急切的心情会加剧潜意识的工作，使大脑神经元处于高度活跃的状态，促使灵感的到来。

某位富商的女儿遭到了绑架，绑匪向富商勒索1000万美元的赎金，如果不按时交出赎金，他的女儿就有生命危险了。这位富商虽然有钱，但是也无法一下子筹集1000万美元，而且他明白要想保证女儿的安全最好的办法就是求助于警察。但是那些绑匪处在暗处，一点儿线索都没有，怎么办呢？情急之下他忽然想到了一件事，在妻子最新发行的唱片的封套上印有她的照片，在照片中她那明亮的眼珠里可以看到摄影师的头像。由此他想到，让绑匪给女儿照张相，不就可以得到绑匪的头像了吗？于是他向绑匪提出要一张女儿头部的大幅照片，以证明她还活着。

富商收到照片之后，让警方把眼球放大，真的得到了绑匪的相貌。警方发现原来这个绑匪是多次作案的惯犯，并已经掌握了他的很多线索，很快警方就把他抓获，救出了富商的女儿。

富商的灵感就属于急中生智的逼发灵感。人们常说："眉头一皱，计上心来。"当我们紧皱眉头冥思苦想的时候，就能刺激大脑皮质的细胞加速活动，积极地搜索解决问题的办法，从而产生灵感。

索希尔是一位英国著名的画家，有一次他负责给皇宫画一幅大壁画。女王和大臣前来看他作画，只见索希尔站在三层楼高的脚手架上正在审视自己的作品，他一边看一边向后退，眼看就要退到脚手架边缘了，再退一点就要掉下来了。女王和大臣们吓得都屏住了呼吸，不敢出声提醒他，害怕他受到惊吓摔下来。正当人们紧张得不知所措的时候，索希尔的助手忽然走到壁画前，用画笔在壁画上胡乱涂抹。索希尔赶紧上前抢了助手的画笔，却不知道自己刚刚在鬼门关走了一圈。

索希尔的助手正是在逼发状态下获得灵感的。逼发灵感的产生需要一定的条件，遇到危机的时候，并不是所有人都能产生灵感。据科学家统计发现，当突发性灾害来临时，只有约12%～20%的人能够保持头脑清醒，果断地采取应对措施，索希尔的助手就是这样的人；70%左右的人会茫然失措或表现精神麻木，女王和大臣们属于这类人；10%～25%的人则会出现惊恐、慌乱的状态，甚至对自己失去控制，这会促使危机带来更大的损失，在上面的例子中假如有人失去控制大喊大叫，则很可能会把索希尔吓得摔下来。

要想获得逼发灵感，首先就要做到临危不乱，保持头脑镇静，这样才能进行冷静地思考。单纯的着急不会给我们带来任何灵感，逼发灵感是潜意识和意识的共同思考的结果。

一名单身女子深夜返家的途中，发现后面紧跟着一名男子，怎么也摆脱不了。她感到非常害怕，竭力地思索脱身的办法。突然，她看到前面有一座坟场，顿时便有了主意。她走进坟场，在一座新坟旁坐了下来,幽幽地说道:"终于到家了……"吓得那名男子头也不回地跑了。

人们很容易向权威理论和惯性思维低头,当我们强制自己摆脱权威理论和习惯性认识的时候,就有可能逼发出灵感。

索尼公司最初生产的录音机体积大、价格高,并不受欢迎。公司老总决定开发低成本的、小巧的录音机,他把技术人员集中在一个温泉宾馆,下了死命令:在10天之内拿出有效的解决方案。技术人员马上投入到紧张的工作中,他们废寝忘食、夜以继日地提出设计方案,互相启发,不断改进、提高,在10天之内终于设计出了第一代电子产品——磁带录音机。

大脑在有压力、有危机的情况下会比平时更加敏捷。要想获得灵感,就要不时地"逼"自己进行思考,不要轻易放弃,不要满足于现状,当你尝试进一步思考的时候,也许就能逼发出更加奇妙的主意。

注 意 事 项

1. 在紧急或危险的情况下,要善于运用周围的事物,迅速地想出解决问题的方法。

2. 遇事不要过度惊慌、大喊大叫,这样不利于问题的解决,只会迅速"毁灭"自己或他人。

第八章

形象思考法

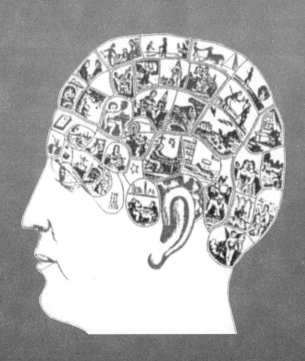

形象思考的作用

　　形象思考是指用直观形象和表象解决问题，以反映事物的形象为主要特征的思考方法。这是一种本能的思维方式，幼儿都是通过形象来思考和记忆的，在不断成熟的过程中，思维方式由形象思维向抽象思维逐渐过渡。虽然形象思维处于思维发展的初始阶段，但是并不意味着形象思维比抽象思维低级，形象思维在思维过程中发挥着不可或缺的作用。

　　形象思考是艺术家们进行创作的主要思考方式，可以说文学、艺术作品纯粹是形象思维的杰作，在生活实践的基础上发挥想象力，描绘出生动的意象，甚至构思出现实中不存在的事物。

　　人们习惯认为艺术创作需要形象思考，科学研究需要抽象思考，事实上，这是一种误解。形象思维对艺术创作确实很重要，但是在科学领域形象思维同样发挥着不可忽视的作用。在科学研究、技术应用、发明创造等领域同样需要形象思维，列宁曾说："有人认为只有诗人才需要幻想，这是没有理由的。这是愚蠢的偏见！甚至在数学上也是需要幻想的，甚至没有它就不可能发明微积分。"

　　爱因斯坦在给朋友的一封信中，解释说他很难把他的科学哲学表述出来，因为他并不以那样的方式思考问题，而是以形象和图表的形式进行思考。我们前边提到过爱因斯坦抓着太阳光在太空旅行的"理想试验"。爱因斯坦著名的广义相对论的创立实际上就是起源于这样的自由想象。有一天，爱因斯坦正坐在椅子上发呆，他突然想到，如果一个人自由下落，他是会感觉不到他的体重的。爱因斯坦说，这个简单的理想实验"对我影响至深，竟把我引向引力理论"。

伽利略是一位擅长形象思考的科学家，可以说他就是凭借着形象思考使科学实现了革命性的突破。他在用数学方法分析科学问题的同时，还用图像和图表使自己的思想形象化。和所有取得大成就的科学家一样，他也擅长类似白日梦的幻想和想象，并通过这种方式取得了很大的成就。有一次，他在无聊的时候观察比萨大教堂来回摆动的吊灯，忽然间意识到，不管吊灯的摆动幅度有多大，完成一次摆动所需要的时间都是相同的。他对这个问题进一步研究，发明了"钟摆原理"，并把它应用在计时和钟表的制作工艺上。

形象思考是引起联想、诱发想象、激发灵感的重要诱因，是构思新理论，带来新设想的不可缺少的思考方法。想象思考的作用主要体现在以下几个方面：

首先，形象思考可以给我们带来发明创造。很多发明创造都是在某件事物的原型基础上发挥想象和联想，进而设计制作出来的。比如以飞鸟为原型发明了飞机，以蝙蝠为原型发明了雷达……

其次，形象思考可以补充抽象思维的不足。抽象思维在思维过程中起着很重要的作用，但是，如果片面地依赖抽象思维而忽略形象思维，就会走极端，不利于开发思维潜能。这里涉及左右脑的问题，左脑掌管逻辑和数字，右脑掌管形象和直觉。如果只用一种思维方法就会大大限制大脑的思考能力，只有左右脑并用才能最大限度地开发大脑的创造力。

最后，形象思考可以帮助我们建立理想模型。无论是文学艺术领域，还是科学研究领域都需要建立模型，要想建立理想的模型就要运用形象思考。比如，小说中的人物形象就是运用形象思考法塑造的。这种模型可以有一定的现实基础，也可以是纯粹的幻想，但是都需要发挥想象。科学研究中需要用到模型的地方也很多，比如霍金对宇宙形态的设想实际上就是用形象思考法塑造的宇宙模型。即使在太空中我们也无法看到宇宙的全貌，所以只能在已知理论的基础上进行想象。想象的模型或实验往往能带来重大的理论发现。

开动你的脑筋

猜谜语是训练形象思考的非常有效的办法，请你猜猜以下几个谜语分别是什么：

1. 年纪并不大，胡子一大把。

   不论看见谁，总爱喊妈妈。

   （打一动物）

2. 有根不入土，有芽不开花。

   虽是家常菜，园里不种它。

   （打一蔬菜）

3. 老大头上一撮毛，老二红脸似火烧，

   老三越大越弯腰，老四花开节节高。

   （打四种农作物）

（答案见附录。）

编谜语也是训练形象思维的一种较好的形式，但是这种训练方法难度要大一些。比如，你可以把日常用品、食物、植物、动物等用独特的方式形容出来，但是又不点透，这样就编成了一个谜语。请你选择一些常见的事物编成谜语，以此锻炼自己的形象思维。

第二节

想象的创造功能

想象是指对头脑中已有的表象进行加工和改造，创造出新的形象的过程。想象是一种高级复杂的认知活动，以直观的方式把模型或形象呈现在人脑中，而不是以符号、文字、概念的方式呈现。

发挥想象是进行发明和创造的重要途径，想象力是创造力最本质的内涵，可以说任何发明和创造都离不开想象。爱因斯坦曾说："想象力比知识更重要，因为知识是有限的，而想象力概括着世界上的一切，推动着进步，并且是知识进化的源泉。想象力是科学研究中的实在因素。"

想象的创作功能有以下几个方面：

（1）提出问题。必须有新问题需要解决，学科才能不断进步。但是，提出问题比解决问题更困难。如果没有想象力，就很难提出新的问题。无论是找到对现有事物的缺点，还是提出新的目标都要有一定的想象力，否则只能停留在原来的阶段，不能进步。法国生物学家克劳德·贝尔纳曾说："构成我们学习最大障碍的是已知的东西，而不是未知的东西。"这就是说固守已知的东西会束缚我们的手脚，而只要勇于开拓未知的东西，不断提出新的问题和设想，才能使我们获得更大的发展和进步。

伟大的发明家爱迪生仅仅上了 3 个月的学就被当作低能儿撵出了校门。虽然他没念过多少书，但是他有超凡的想象力，他靠自学来的知识充分发挥创造性的想象，终于成了"发明大王"。他一生的创造和发明达 2000 多项，其中为专利局正式登记的就有 1000 多项。在 1882 年一年之内，平均每三天就有一项新发明，而与他同时代的很多专家学者却一生默默无闻。这中间的区别就在于他比别人更善于运用想象提出问题。

有一次，爱迪生感觉到耳机膜片的振动通过短针传到了手上，于是想到了这样一个问题：既然声音能使针颤动，反过来，短针的颤动是不是能带来声音呢？经过反复实验和改进，

■爱迪生像

爱迪生从不被失败所难倒，每次科学实验失败他都会从中吸取教训继续实验。这说明他的思维具有很好的流畅性。

他终于发明了"留声机"。这项伟大的发明使很多经典的音乐和名人的讲话得以保存下来。

（2）进行假设。在进行科学研究的时候，有些条件是现实中不具备的，只能通过想象来预测可能会发生的现象。比如，哥白尼创立日心说的时候，根本没有天文望远镜，他只能凭借想象描绘出宇宙的存在状态。假说在科学研究领域里非常重要，尤其是在科学理论的创始阶段，只能在有限的事实和数据的基础上进行推测。科学家提出假说必然要发挥想象力。比如我们不能通过实验观察在真空状态下物体的运动情况，只能借助想象。

伽利略曾做过这样一个实验：使一个小玻璃球在两个并列的斜面上滚动，小球会呈抛物线的路径滚下，当它从第一个斜面上滚到第二个斜面上的时候，水平位置会降低。观察到这个现象之后，伽利略用已有的力学知识断定这是由斜面和小球之间的摩擦力造成的。这时，他提出了这样一个假设：如果小球和斜面之间没有摩擦力会产生什么

结果？

　　这个问题不可能凭借实验来证明，只能靠想象了。伽利略发挥自己的想象力，他想到一个无限光滑的小球在无限光滑的斜面上滚动的情景，这时小球和斜面之间肯定没有一点儿阻力，那么当小球从第一个斜面滚到第二个斜面上的时候，水平位置是不变的，如果把第二个斜面换成平面，而且无限延长，那么小球就会沿着直线以恒定的速度一直滚下去。在这个想象的基础之上，经过一些完善和补充，伽利略提出了"动者恒动"这个物理学上的第一定律。

　　(3) 突破时空。想象力不受时空限制，你既可以通过想象再现过去，也可以通过幻想展望未来，想象的翅膀可以带你在时空间自由翱翔，甚至可以突破时空的限制，带你想象一些根本不可能存在的事物。

　　这在文学创作过程中用得很多，比如历史小说虽然有事实根据，但是要想再现当初的情景就得发挥想象了。玄幻小说更是需要作者发挥想象力编造人物和情节。想象出来的文艺作品反过来对现实也有一定的启发和指导意义。

　　1977 年问世的美国电影《星球大战》被称为 20 世纪最重要的文化事件之一，它是导演乔治·卢布斯幻想的一个太空神话，展现了前所未有的太空场面和纷繁复杂的星际斗争。它对宇宙中各种生物、文明、星系以及奇形怪状的外星人和航天器的描述纯粹出自天马行空的想象。制片方运用数字技术展现了一个波澜壮阔的星球大战的场面。《星球大战》对世界的影响并不仅仅局限在电影界，它还激发了美国政府的想象力。1985 年，美国政府提出星球大战计划，又称反弹道导弹防御计划，以各种手段攻击敌方的外太空的洲际战略导弹和外太空航天器，以防止敌对国家对美国及其盟国发动的核打击。它在高科技领域引起的技术革新是不可估量的。

第 三 节

组合想象

　　组合想象是指对头脑中已经存在的形象根据需要组合成新的形象。组合的对象可以是元素和材料，也可以是技术和原理，还可以是功能和过程。组合想象的过程就是在原本没有什么联系的事物之间建立联系，组合成一种新的事物或者给原来的事物带来新的特点和功能。这种思考方法在发明创造领域的应用非常广泛。正如爱因斯坦所说："能够找出已知装备的新的组合的人就是发明家。"

　　组合想象与发散思维中的组合发散有相似之处，都是对不同事物进行组合以创造出新的事物。但是二者也有区别，组合发散比较理性，侧重于在实际中探索多种可能性，尝试把不同的事物组合在一起。组合发散类似于小孩子玩的积木，把圆形、三角形、四方形的积木组合起来，这次可能组合成一个房子，下次可能组合成一列火车。

　　组合想象相对来说比较感性，侧重于在头脑中的大胆想象，组合成的对象可以是在现实中不存在的东西。比如吴承恩在《西游记》中塑造的猪八戒的形象就运用了组合想象，将猪的脑袋和人的身子组合了起来。

　　北京"东来顺"涮羊肉是非常著名的老字号火锅，至今已有90多年的历史。"东来顺"的创始人丁德山，是一个追求完美、精益求精的人。当他的羊肉馆有了一定规模之后，他不再满足"买进原料卖出成品"这种传统的经营方式了。他设想了一整套全新的经营模式：要有自己的牧场和羊群，为"东来顺"提供优质羊肉；要有自己的加工作坊，为"东来顺"提供涮羊肉的各种调味料；要有自己的酱园，为"东来顺"提供风味独特的酱油；甚至还要有自己的铜铺，为"东来顺"生产适合涮羊肉的火锅。这种想法在那个时代是非常新颖而且大胆的。

经过不断努力，丁德山实现了他的设想。他买了几百亩地作为牧场，专门放养优质羊。到了卖涮羊肉的季节，"东来顺"就有了最优质的羊肉来满足顾客的需要。羊身上适合涮着吃的那部分，总共不过占一只羊的1/3 左右，剩下的就卖给羊肉铺。丁德山还开办了天义顺和永昌顺两家酱园，自己精心调制芝麻酱、辣椒油、卤虾油、黄酒、腐乳汁等各种调味料。他在特制的酱油里加入甘草和白糖，咸鲜中又略带甜味，这是"东来顺"特有的风味。后来，他干脆连大麦、大豆、小米、芝麻和蔬菜都采用自己的土地上生产的。他还开办了一家"长兴铜铺"，为"东来顺"制造独特的涮羊肉火锅。这种火锅中间放炭火的炉筒比一般的火锅长而且大，因而火力特别旺，羊肉容易涮熟，这样才能保持羊肉的鲜嫩。

丁德山在20世纪初就办起来了农工商牧一条龙的产业，这是民族商号的骄傲，也难怪它能够享有盛名，经久不衰。即使在现在这种把生产的各个环节组合在一起的经营模式也是有现实意义的。

丁德山的这个设想恰恰体现了组合想象的思维方法。他是涮羊肉的行家，对羊肉、调味料、火锅了如指掌，知道什么样的材料能涮出最好的羊肉。他给顾客提供了最好吃的涮羊肉，把各个环节组合在一起，都收在自己的掌控之下。

想象组合比发散组合更具有随意性，因为想象可以天马行空任意组合，不用受任何已知条件的限制。组合想象是一个非常宽广的范畴，你可以把风马牛不相及的两个东西组合在一起，也许能产生奇妙的效果。比如，可以把唐装里的盘扣、对襟等传统元素与富有现代感的服装材料和裁剪方式组合起来，就会形成独特的服装样式。

人们的大脑习惯于固定的思考模式，比如习惯于对思考对象进行归类和分组，很难把性质不同的、相互冲突的事物放在一起。事实上，对比强烈的组合也许更能给我们带来新鲜感，甚至会诱发新颖的创意。

运用组合想象你可以从一个极其细致的点出发，扩大到无限大的范围，在没有边际的想象空间内寻求能够与它组合在一起的事物。训练组合想象的时候，你可以选定一个思考对象，然后以这个思考对象为中心发挥想象，然后尝试把你能想到的任何事物与思考对象结合起来。

国外的有些科技人员为了得到新颖的方案，采用了一种随机组合的方法。具体做法是找来一些商品目录簿，随手在上面指出两种商品，然后设想把它们组合在一起是否能成为一种值得开发的新产品。还有一种做法是把能想到的对人们有益的产品要素写在卡片上并编上号，然后随意指定其中两个或多个号码，把相应卡片上的产品要素组合起来看看能否组合成某种有实用价值的新产品。虽然这种随机组合的方式有很大的盲目性，但是对开拓思路很有帮助。

需要注意的是，无限的想象力虽然能给我们带来大胆的新颖别致的组合，但是仅靠凭空想象得来的组合未必有实际的价值。德国诗人歌德说："有想象力而没有鉴别力是世界上最可怕的事情。想象越是和理性相结合越高贵。" 因此，发挥想象的同时，我们既要突破传统逻辑推理的束缚，又不能完全摆脱理性的指导。需要对思考的结果进行审核筛选，并加以完善和修改才能使其开花结果。

补白填充

　　由于时间和空间的限制，人们只能认识客观事物的一部分。在对事物的运作过程进行全盘思考的时候，有些环节可能会出现缺失。所谓补白填充就是运用想象对缺失的内容进行填补，以增强事物的完整性。

　　这种思考方法在实际中非常实用，一方面可以帮助我们对未知领域做出预测，这在科学研究领域里有重大意义，另一方面还可以帮我们发现市场中的空白点，抓住商机。

　　19 世纪的物理学家已经能够确定在原子中存在两种粒子，一种带正电，一种带负电，但是不能确定这两种粒子是以什么状态存在的。这既不能用逻辑思维来进行推论，也无法通过观测来证明。于是，有些科学家对原子内部结构进行大胆想象，推测两种粒子保持着什么样的关系。

　　得到广泛支持和认可的设想有两种：一种是英国物理学家汤姆森提出的"葡萄干面包模型"，一种是英国物理学家卢瑟福提出的"太阳系模型"。葡萄干面包模型认为带负电的粒子镶嵌在由带正电的粒子构成的球状实体中，就像葡萄干镶嵌在面包里一样。太阳系模型认为带负电的粒子围绕占原子质量绝大部分的带正电的粒子的原子核旋转，就像行星围绕太阳旋转一样。这两种模型的区别在于是否认为正电粒子与负电粒子之间存在空隙。后来的实验证明卢瑟福的太阳系模型是正确的。

汤姆森和卢瑟福就是运用补白填充的思考方式另辟蹊径，通过想象来补充人们对原子内部结构认识的不足。当然，这种想象并不是胡思乱想，而是以现有的科学知识作为想象的基础，并根据已知推测未知的过程。

与组合想象相比，补白填充更加需要思考者理智的逻辑思维，也就是说补白填充必须建立在已知信息的基础之上，通过已知信息的充分分析之后找出其中的规律，然后发挥想象填补空白内容。如果不顾已有的信息，对问题进行随意的想象，最后得到的方案可能会与事物的运作过程不协调，因而不能解决问题。

由于受时空限制，在现实中我们无法看到事物的过去和未来景象，这时就可以运用补白填充发挥想象，把过去的事物和未来的事物构想出来、展现出来。比如，考古学家可以根据残缺不全的古生物化石想象出古生物的原貌和它当初生存的状态。利用先进的电脑技术或各种模型材料还可以把想象中的图像展现出来。比如，建筑工程师或城市规划师首先要在头脑中想象出设计方案，然后把在图纸上绘制设计出的蓝图用 3D 做出效果图，或用各种模具做出模型。

补白填充的应用还体现在通过大胆想象寻找商机。在商界，抓住市场空白点是成功的重要策略，空白点没有竞争，因而很容易获利。寻找空白点的思路有两条：一条是找那些已经存在但是没有引起人们重视的市场，另一条是开发全新的产品，创造新的市场。显然，前一种方法要容易一些。

香港作为世界上举足轻重的经济贸易港口和东南亚重要的交通枢纽，建筑行业发展很快。很多人看到搞建材有利可图，纷纷投身于建材市场。但是与建材市场紧密相关的河沙市场却无人问津，因为海底捞沙工作量大，而且利润有限，那些想赚大钱的人对此不屑一顾。这使建材市场留下了一个空白空间，霍英东看准了这个空白决定大干一番。

他分析了市场需求和发展前景之后，觉得应该能够赚钱。于是他从欧洲购进先进的淘沙机船，这种新型的挖沙船20分钟就可以挖出2000吨沙子，大大提高了劳动生产率。先进机器的使用还降低了用工量，改进了工作方法。很快，被人们冷落的河沙市场给霍英东带来了滚滚财源，他成了香港最大的河沙商。当别人看到他的成功想效仿的时候，他已经取得了香港海沙供应的专利权了。

霍英东正是运用了补白填充的思考法抢占了商机，找到了一条成功之路。

如果想创造商机，就要关注人们的需要，解决尚未解决的问题，进行新的发明创造，推出前所未有的产品。比如某家蛋糕店推出了一种可以食用的照片，贴在生日蛋糕上，很受欢迎。北京某家具公司一改传统家具的死板风格，开发出一种可以拼装、变形的家具。用户可以根据需要改变家具的结构以适应居室的格局……可见，补白填充想象的意义还在于满足人们的需要，开发出能够解决某种问题的新产品。

最初的洗衣机没有过滤网，衣服洗完之后经常沾上一些小棉团之类的东西。这个问题让家庭主妇非常烦恼，她们建议厂家解决这个问题。技术人员经过研究之后，提出了一些解决方案，但是都比较复杂，而且会大大增加洗衣机的体积和成本。厂家觉得没有必要为了这个小问题大费周折，于是不再试图改进。

一位叫筒绍喜美贺的日本的家庭妇女想自己解决这个问题，有一次她看到孩子们用网兜捕捉蜻蜓的情景，心想如果做一个小网兜是不是也可以把洗衣机中的杂物网住呢？她用了3年时间不断尝试、改进，终于发明了简单实用的过滤网。她把这项发明申请了专利，仅在日本她就获得了1.5亿日元的专利费。

删繁就简

我们常常面对困难的时候找不到出路，因为我们陷入了自己设置的圈套之中，把原本简单的问题弄复杂了，结果越来越乱，理不清头绪，本来几分钟就能解决的问题要用一天的时间来解决，本来轻轻松松就能做完的工作却把自己弄得精疲力竭。

删繁就简思考法就是让我们把繁杂的、与主题无关的或关系不大的内容删掉，减少不必要的环节，然后把握事物的重要方面和本质规律，使复杂的问题变得简单容易。

亚里士多德曾说："自然界选择最简单的道路。"本来很简单的事情，我们何必把它弄复杂呢？那样既浪费时间，又浪费精力，还未必能解决问题。我们应该顺其自然，不要人为地把简单的事情复杂化。

删繁就简有 3 种具体的做法：剪枝去蔓、同类合并和寻觅捷径。

1. 剪枝去蔓就是我们排除问题的旁枝错节，去除掉可以不予考虑的次要因素，抓住问题的主干。

15 世纪，罗马教皇把异端分子奥卡姆·威廉关进监狱，以禁止他传播异端思想。但是，没想到奥卡姆竟然逃跑了，并且投靠了教皇的对头罗马皇帝路易四世。奥卡姆对路易四世说："你用剑保卫我，我用笔捍卫你。"

在皇权的保护之下，奥卡姆著书立说，他的一句格言对后世影响很大——"如无必要，勿增实体。"这就是著名的"奥卡姆剃刀"的中心意思，它的含义是一个具体存在的理论一经确定，其他干扰这一理论的普遍性感念都是无用的，应该像多余的毛发一样剔除掉。它还告诉人们在处理问题的时候，要把握事情的实质和主流，解决最根本的问题。

人们本能地追求全面和安全，事实上这样往往会造成画蛇添足、多此一举，事物的一些结构和功能变得不合时宜而成为累赘。用"奥卡姆剃刀"把多余的东西去掉事情会变得更简单、更方便。

最初的火车车轮上装有齿圈，为的是与铁轨上的齿条相契合，以保证火车稳定前进。一些专家认为如果车轮没有齿圈，火车就会打滑，甚至脱轨。火车的司炉工人斯蒂文森有一天看着车轨展开了想象，如果把齿圈和齿条去掉会怎么样呢？他进行了大胆的试验，结果发现火车不但没有脱轨，反而大大提高了行驶速度。

即使是一件小物品也可以删繁就简，使制作工序和操作过程更简单。比如钢笔，最初的笔舌处有多道凹槽，为的是蓄积墨水，后来有人把凹槽去除掉之后，发现照样可以流畅地书写。以前的钢笔帽里面加工有螺纹，为的是能够把它固定在笔筒上，有人尝试着把螺纹去掉之后，发现没有螺纹也能很好地固定笔帽。

如果你现在正为一些复杂的问题感到烦恼，请试着拿起"奥卡姆剃刀"把那些复杂的想法剔除掉，露出事情的本来面目，也许你能立刻找到简单的解决问题的方法。

2.同类合并是指将同类问题合并起来进行分析和处理，这样可以提高解决问题的效率。

伊莱·惠特曼被称为美国"标准化之父"，因为他首创了流水作业批量生产的工厂运作模式。

美国爆发南北战争的时候，伊莱·惠特曼与政府签订了两年内提

187

供1万支来复枪的合同。那时的生产模式是由每个工匠负责制作一支枪的全部零件，然后再组装成枪。这样做生产效率非常低，1年才能生产500多支枪。按这样的速度无论如何也完不成任务，惠特曼开始思考如何才能提高工作效率。他运用同类合并的思考法想到，如果让每个人负责制作一个零件，然后由专门的人负责把零件组装成一支枪，这样会不会快一些呢？

他把制枪的过程分为几道工序，每个员工只负责其中一道工序，他还对枪支零件的尺寸制定了一些标准，这样生产的每一个零件都一样，最后生产出来的都是标准化的枪。这样实行之后，工作效率和质量得到了大幅度提高，如期完成了任务。

把同一道工序合并在　起，就能使每个人的工作流程更加简单，每个人只负责生产一个零件，就可以大大提高熟练程度，从而提高生产效率。

3. 寻觅捷径就是让我们的思维简洁化、理想化，单纯地反映事物的本质与规律，找到解决问题的最便捷的方法。

一位叫贝特格的保险推销员就是这样挽救自己事业的危机，并走向成功的。贝特格刚进入保险行业的时候踌躇满志，但是一年之后他就灰心丧气了，他不明白为什么自己那么努力地工作，业绩却一直不好。某个周末的早晨，他决定理出个头绪来。他问了自己下面这3个问题：

问题到底是什么？

问题的根源在哪里？

解决问题的方案是什么？

最让他苦恼的问题是当他与客户洽谈业务的时候有些客户突然打断他，说下次有时间再面谈，结果他把大量的时间和精力花在"下次"面谈上，收获甚微给他带来强烈的挫折感。

于是，他把自己一年的工作记录做了一番统计，发现一次谈成功的客户占70%，两次谈成功的占23%，只有7%的生意需要三次以上的洽谈。但他却被那 7% 的生意折磨得精疲力竭。他决定不再为那些需要 3 次以上洽谈的生意奔波，把省下的时间用来开发新的客户。结果他的业绩在很短的时间内就增长了一倍。

　　洞悉问题的根本所在，简单地去想，简单地去做，问题就会迎刃而解。当我们在工作、学习和生活中遇到难于解决的问题时，不妨也用删繁就简的思维方法把看似复杂的问题简单化。抓住影响问题的关键点，找到导致问题产生的根本原因，然后用"釜底抽薪"的方法，就能把问题轻松化解。

开动 你的脑筋

　　在一份数学论文中应该保持信息完整，但不应含有多余的语句。你能找出下面题目中多余的词语吗？

　　1. 一个直角三角形中两个锐角的和等于 90°。

　　2. 如果一个直角三角形的一条直角边是直角三角形斜边长度的一半，那么它对应的锐角等于 30°。（答案见附录。）

第 六 节

取代想象

　　取代想象也可以说是一种换位思考，即设身处地站在别人的立场上，想象别人的感受，从而寻找解决问题的方法。通过揣摩别人的处境和好恶情感，你就能更好地理解别人的想法和做法，更加全面地看待问题。

　　会不会经常有人提出和你相反的观点和意见？你是不是奇怪事实明明是这样的，为什么别人和你的观点不一致？那是因为别人和你的立场不一样。如果你试着运用取代想象，就能知道别人为什么跟你的观点不一致了。

　　有一位盲人晚上出门的时候总是提着一个灯笼。一个好奇的路人感到迷惑不解，于是上前问道："大哥，你眼睛看不见，还打着灯笼有用吗？"盲人答道："有用啊，怎么会没用？"路人本以为盲人可能会很尴尬。没想到，这位盲人的回答对他来说如醍醐灌顶："我打灯笼不是给自己看的，而是给你们这些看得到的人看的。免得你们在黑暗中看不见我，把我撞倒了。"

　　从事销售行业的工作人员特别需要站在消费者的角度考虑问题，只有满足消费者的需求，才能做好自己的工作。

　　景德镇瓷器闻名世界，但是瓷茶杯却曾在销往西欧的时候滞销过。

原来西欧人的鼻子特别高，用我国生产的茶杯喝茶的时候，还没喝到茶水，鼻子却已经沾到水了。有一家厂商发挥取代想象，设身处地为西欧人考虑之后发明了一种斜口瓷杯，很快就打开了销路。

如今是一个商品极其丰富的时代，要想让消费者满意，商品不仅要具有基本的功用，而且要有人情味，让消费者从中体会到关怀和体贴。这就要运用取代想象，设身处地地为消费者着想，考虑不同国家、不同民族、不同年龄、不同性格，甚至不同的情感需要。只要充分运用取代想象才能研发出让顾客满意的新产品。

当今时代以瘦为美，许多女人都在忙着减肥。肥胖的女人在买衣服的时候都不愿意对售货员说"我要大号的"，"我要特大号的"。如果不识相的售货员向她们推荐大号或特大号的服装也会引起她们的反感。美国的一位女企业家南茜运用取代想象为肥胖的女性着想，想到了一个避免尴尬的办法。她把小号、中号、大号、特大号，分别用玛丽号、玛格丽号、伊丽莎白号和格丽丝号代替，巧妙地消除了消费者的顾虑，大大促进了服装的销售。

心胸狭隘的人把自己囚禁在"我"这个桎梏里，他们不能跳出自己的小圈子，站在别人的立场上思考问题。他们把自己和别人的界限划得很分明，这让他们无法理解别人的感触。换位思考就是让你跳出这个界限，这样你就能变得很宽容，你的世界就会变得很大。

美国哲学家、诗人爱默生有这样一件趣事：

有一天，他和儿子想把一头放养在牧场上的小牛犊赶回牛栏。他们好不容易把小牛犊赶到牛栏旁边。但是任凭爱默生在后面使劲推，他的儿子在前面用力拉，小牛犊就是死死地抵住地面，不向前迈一步。父子俩急得满头大汗，还是奈何不了它。

这时，他们家的女佣出来看到了这个情景，笑了起来。她把手靠近小牛犊的嘴，因为她刚才在厨房做饭，手上沾有盐味。小牛犊闻了闻，然后兴高采烈地舔她的手。女佣后退到牛栏里，小牛犊也甩着尾巴跟着她进去了。

取代想象不但可以让你更好地理解亲人、朋友、顾客和合作伙伴，从而营造和谐的人际关系；而且可以让你更好地对付敌人。所谓"知己知彼，百战不殆"，只有站在敌人的角度想问题，才能出奇制胜。当自己处于守势的时候，只有提前考虑敌人的动向，才能充分地做好迎战的准备；当自己处于攻势的时候，只有考虑到敌人应对策略，才能更好地布置后招。

蒙哥马利将军被称为捕捉"沙漠之狐"的猎手。1942年8月，他被任命为英驻中东第8集团军司令。在蒙哥马利的流动指挥所里，始终挂着对手隆美尔的一幅画像，他最常做的一件事就是凝视这张画像，然后用取代想象思考如果自己是隆美尔，那么下一步棋会怎么走。这也许是他屡创战绩的重要原因。

1942年10月，蒙哥马利在阿拉曼防线向隆美尔的部队发起进攻，彻底扭转了英军在北非的危机。这就是著名的阿拉曼战役。

站在别人的立场上思考问题对自己的人生和事业的成功都有重要的意义。正如汽车大王福特所说："假如有什么成功秘诀的话，那就是设身处地替别人着想。"

第 七 节

引导想象

引导想象是指通过在头脑中具体细致地想象出自己想要实现的目标，实现目标的过程，以及实现之后的喜悦心情。这种想象可以在你的头脑中留下深刻的印象，并调动全身的潜能，促使你向着目标努力。

一位女士得了一种怪病，遍访名医都没有治愈。后来，一位非常有名的医生来到女士所在的城市，她慕名前去看病。名医查明病情之后，给她开了药，并告诉她："这药是从外国带回来的，专治你这种病。"女士高兴地买了药，经过几个疗程之后，真的康复了。其实，医生给她的药只是普通的维生素 C，她的病需要的只是良性的暗示和积极的想象。

医学试验表明，安慰剂能够达到真正药剂 60%～70%的作用，当医生和病人都相信安慰剂有效时，效果更加明显。

引导想象也可以说是一种心理暗示法，当那位患病的女士拿到"从外国带回来的药"的时候，她就在自己的大脑中描绘了这样一个图景：把这些药吃完之后，我就能恢复健康了。这种暗示可以促使人们在精神和肉体上做出调整，达成愿望。

训练引导想象的思维方法可以帮助你实现目标，获得成功。在以下几种情况进行引导可以给你带来很好的效果：

（1）当你接到一项艰巨的任务的时候，或者面对一个难题的时候，不要退缩，不要否定自己。你应该发挥想象，在想象中体验一下克服困难、解决难题之后的情景。这种想象能够让你调动起精神上和躯体上的所有能量，朝着你的目标努力。

（2）在你努力的过程中，要把目标具体化、视觉化，绘制成图或者进行具体细致的描述，然后贴在你视线的右前方。这样做的目的是让目标不断在你的意识中强化，带动潜意识帮助你实现自己的目标。

成功学大师陈安之有过这样的一次经历：他想买一辆汽车——奔驰S320，但是当时根本买不起。于是，他把那辆汽车的图片贴在书桌前面，后来觉得这辆车有点贵，就换成了奔驰E320。

要想实现目标必须付出行动，为了得到自己想要的汽车，陈安之努力工作，几个月之后，他的收入大增。当他挣到足够多的钱的时候，便决定去买汽车了。在购买的前一天，陈安之碰巧看到了他的几个学生，得知他们也要买汽车——奔驰E280。陈安之觉得自己不能输给学生，临时决定买奔驰S320。这个戏剧性的变化，竟然使他实现了最初的目标。

潜能开发专家发现人的大脑中有一个资源导向系统。一旦目标明确的时候，你的头脑就会"追踪"这个目标，带动身体的所有能量实现这个目标。

（3）当你不自信的时候，可以通过想象模拟成功，或者具体细致地回想自己有过的成功经历，还可以想象自己在性格、作风、能力等方面具有的优势。这种想象可以激发你的潜能，让你在实现目标的过程中充满激情和信心。

欧雷里拥有一支优秀的棒球队，选手们都有过卓越的比赛纪录，人们都认为这是一支最具潜力的冠军队伍。但是在一次比赛中，他们表现得很糟糕，因为之前接连输了 7 场比赛，所以比赛时队员的情绪非常低落。欧雷里仔细分析了情况之后，认为问题的关键不是技术问题，而是队员普遍缺乏自信，没有必胜的信心，消极的态度使他们的水平发挥受到了限制。

　　欧雷里听说一位著名的牧师正在附近布道演讲。很多人相信他拥有神奇的能量，当地人纷纷前去等待他赐福。欧雷里把选手们的球棒借走，并叮嘱他们在他回来之前不要离开宿舍。过了一个小时，欧雷里满面春风地回来了，告诉选手们牧师已经对球棒赐福了，每个球棒都有了无敌的威力。选手们受到了极大的鼓舞，对赢得比赛充满了信心。第二天，比赛果然打败了对方，在以后的比赛中也是所向披靡。

　　　　　　　　在日常生活中，你有用过引导想象的思考方法成功解决问题的经历吗？如果有，请写出来。

开动
你的脑筋

1.＿＿＿＿＿＿＿＿＿＿＿＿＿＿＿＿＿＿＿＿＿＿＿＿

＿＿＿＿＿＿＿＿＿＿＿＿＿＿＿＿＿＿＿＿＿＿＿＿＿

2.＿＿＿＿＿＿＿＿＿＿＿＿＿＿＿＿＿＿＿＿＿＿＿＿

＿＿＿＿＿＿＿＿＿＿＿＿＿＿＿＿＿＿＿＿＿＿＿＿＿

3.＿＿＿＿＿＿＿＿＿＿＿＿＿＿＿＿＿＿＿＿＿＿＿＿

＿＿＿＿＿＿＿＿＿＿＿＿＿＿＿＿＿＿＿＿＿＿＿＿＿

第 八 节

妙用联想

如果大风吹起来，木桶店就会赚钱。

你能想到"大风吹起来"和"木桶店赚钱"之间的联系吗？比如：当大风吹起来的时候——沙石就会满天飞舞——以致瞎子增加——琵琶师父会增多——越来越多的人以猫的毛替代琵琶弦——因而猫会减少——结果老鼠相对地增加——老鼠会咬破木桶——所以做木桶的店就会赚钱。

虽然这只是一个笑话，但是由此我们也可以看到事物之间存在着纷繁复杂的联系。联想思考法也属于想象，与前面提到的几种想象相比，联想有明确的激发点。简单地说，联想就是由一个事物想到另一个事物的思维过程，两个事物可以在概念和意义上存在很大的差异。联想思考是大脑的基本思维方式，它有 3 个方面的意义：

一方面是预见某一事物对另一事物的影响，比如大风对木桶店的影响。

改革开放初期，报纸上报道了这样一条消息：国务院已同意各地开设营业性舞厅。上海某家幻灯仪器厂的厂长正在为拓展市场发愁，看到这则消息之后，他展开了联想：既然政府放宽了限制，各地的舞厅肯定会像雨后春笋一样冒出来。这时肯定需要大量的舞厅灯具，如果能够抢占这部分市场，肯定能赚大钱。

于是，他马上召开了领导班子会议，说了自己的想法，大家都认为这是一个不错的主意。没多久，这个厂子就生产出旋转彩灯、声控彩灯、香雾射灯等不同类型的舞厅灯具，很快就打开了市场。

另一方面是把一个事物的特征、功能或原理应用在另一个事物之上，这有助于我们进行发明创造。

"电话之父"贝尔做过这样一个试验，相连的两个带铁芯的线圈前面分别放一个音叉，当一个音叉振动的时候，就会使线圈产生电流，导致另一个音叉也振动，并发出同第一个线圈一样的声音。由此他联想到如果把音叉换成金属簧片，说话的声音引起金属簧片的振动，另一端金属簧片的振动又会转化成声音，这样不就可以通话了吗？

他在助手的帮助下进行试验，但是由于线圈产生的电流太小，试验失败了。贝尔没有放弃，他做了一些改进。用薄铁片代替金属簧片，用磁棒代替铁芯，以加大电流。这次他获得了成功，人在薄铁片前说话，声波的节奏变化导致铁片的振动，进而引起线圈中产生相应的电流，通过导线，传递到另一个线圈中，引起线圈前的薄铁片发生振动并发出清晰的讲话声音。1876年3月，贝尔实现了通过把电流变成声音进行远距离通话的梦想，发明了世界上第一部电话装置。他的发明获得了美国的专利，随后他建立了世界上第一家生产电话的工厂。

此外，还可以开阔思路，加深对事物以及事物之间联系的认识。联想思考是形象思考的一种，它可以借助一个事物解释另一个事物，使我们加深对事物的理解和认识。

苏联心理学家哥洛万斯和斯塔林茨，发现任何两个概念或词语都可以经过四五次联想建立起联系。比如桌子和青蛙，似乎是两个风马牛不相及的概念，但可以通过联想作为媒介，使它们发生联系：桌子——木头——森林——水塘——青蛙。又如书和小麦，书——知识——精神食粮——粮食——小麦。

生活中这样的例子很多，比如自行车充气轮胎就是运用联想思考发明的。最初的自行车轮胎是实心的，在卵石路上骑车颠簸得非常厉害。有一天，外科医生邓禄普在院子里浇花的时候，感到手里的橡胶水管很有弹性，由此联想到如果发明一种充气的自行车轮胎，应该能够减轻震动。于是，他用橡胶水管制出了第一个充气轮胎。

要想自如地运用联想，首先要扩展知识的广度和深度。只有储备渊博的知识，当需要联想的时候才能从不同角度、不同领域拓展联想的视野，联想的范围越广，获得创新成果的可能性越大。因此进行联想的时候，不能只关注自己感兴趣的事物或自己熟悉的事物，还要对自己不感兴趣的东西和陌生的东西展开联想，只有这样才能带来新的发现，打开新的思路。

联想思考同样需要不断训练才能熟练掌握，因此要树立联想意识，养成联想习惯，利用一切机会寻找事物之间的联系。有目的地进行联想训练才能由此及彼地发现事物之间有价值的联系。联想训练有两个途径，一是形象联想，比如看到圆形的图案联想到太阳、苹果、气球、葡萄、西瓜、水杯、帽子等事物；二是概念联想，即由某一概念联想到新的概念，概念是事物本质属性的反映，概念之间的关系反映事物之间的关系。形象联想与概念联想之间并没有截然的界限，比如由橡胶水管联想到自行车轮胎，里面也有形象联想的成分。

当你需要用联想思考解决问题的时候，第一步要尽可能广地展开联想，得到越多的联想越好，这是一个追求数量的过程；第二步是对得到的联想进行分析、筛选，从中找出最有价值的方案，这是一个追求质量的过程。

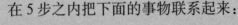

在5步之内把下面的事物联系起来：

1. 拳击——昆虫

2. 窗帘——雪山

3. 女孩——鲨鱼

开动
你的脑筋

相关联想

相关联想又叫接近联想，指的是由对某一事物的感知和回忆引起与之相关的其他事物的联想，然后从相关之处着手找到解决问题的思考方法。

相关联想可以是概念上的相关引起的联想，也可以是时间和空间上的接近引起的联想。时间和空间是事物存在的基本形式，一般在时间上接近的事物，在空间上也有相关性。比如，当提到《三国演义》的时候，你马上就会联想到刘备、曹操、孙权、诸葛亮等历史人物。当我们提到金字塔的时候，你就联想到埃及、法老、尼罗河等相关事物。

世界上的任何事物都与周围的事物存在各种各样的关系，比如因果关系、包含关系、从属关系等等。相关联想的基础就是事物之间的种种关系。

核能就是科学家们运用相关联想经过长期的科学实践得到的成果。1934 年后，意大利物理学家费米，用中子轰击铀，发现了一系列半衰期不同的同位素。1938 年下半年，一位德国化学家用中子轰击铀时，发现铀受到中子轰击后得到的主要产物是钡，其质量约为铀原子的一半。1939 年初，一位瑞典物理学家阐明了铀原子核的裂变现象。

由于铀 −235 裂变后会释放出大量的能量和中子，费米由此联想到，铀的裂变有可能形成一种链式反应而自行维持下去，并可能是一个巨大的能源。1941年3月，费米用加速器加速中子照射硫酸铀酰，第一次制得了千分之五克的钚－239——另一种易裂变材料。1941年7月，费米在中子源的帮助下，测定了各种材料的核物理性能，研究了实现裂变链式反应并控制这种反应规模的条件。为了逃避法西斯政权的统治，费米流亡到美国。随后，他在美国芝加哥大学建造的世界上第一座石墨块反应堆，于1942年12月2日下午3点25分，使反应堆里的中子引起核裂变，首次实现了人类自己制造并加以控制的裂变链式反应，也表明了人类已经掌握了一种崭新的能源——核能。

费米由铀原子核裂变现象联想到如果能恰当地控制核裂变就能带来巨大的能量。核能研发过程体现了由已知到未知，由局部到整体的相关联想。

曾经，澳大利亚草原上经常有狼群出没，吃了不少牧民的羊，使牧场受到很大损失。牧民们于是向政府求救，政府为了牧民的利益派军队将狼群赶尽杀绝。没有了狼的威胁，羊群的数量不断增加，牧民们非常高兴。可是，几年之后，羊的数量开始锐减。羊群变得体弱多病，而且繁殖能力也大大下降。羊毛的质量也大不如从前。因为羊群没有了天敌，在安逸的生活中失去了活力，变得萎靡不振。再加上羊群的数量太大使草原上的草遭到破坏，羊群没有充足的食物，体质自然会下降。牧民们发现失去天敌之后，羊的繁殖基因也退化了。于是，又请求政府再引进野狼。狼群回到了大草原，给羊群带来了危险。在危险的环境中羊群又变得健康、活泼了，羊群的数量也有所增加。

狼是草原生物链中不可缺少的一个环节，把狼灭绝之后，就会破坏生态平衡。狼与羊群并不仅仅是敌对关系，狼还能限制羊群的过剩繁殖，迫使羊群提高警惕，保持活力。事物之间的联系是复杂的，开始时，牧民只看到了狼对牧场的破坏作用，就要把狼赶尽杀绝，当他们看到羊失去天敌之后，羊群并不能长期地健康成长，这时才全面地认识到狼与羊群的关系。

一位善于运用相关联想的企业家同时了解到了以下4件事：

四川万县食品厂积压了大批罐头食品；四川航空公司由于缺乏资金，没有属于自己的飞机；俄罗斯古比雪夫飞机制造厂生产的大批飞机滞销；俄罗斯轻工业发展缓慢，基本生活用品供不应求。

企业家发现这4件事之间有相关性，可以联系起来。他先与古比雪夫飞机制造厂进行协商，最后签订了易货贸易合同，用食品和服装等轻工业产品换购4架飞机。随后，他把飞机卖给四川航空公司，允许航空公司以运营收入支付飞机款，然后以飞机做抵押向银行申请了一笔不小的贷款。他用这笔钱分别与万县食品厂等300多家轻工业厂家进行交易，然后把货物运往莫斯科。经过这样一番策划，这位企业家大赚了一笔，同时还搞活了食品厂、飞机制造厂、航空公司3家的市场，可谓皆大欢喜。

可见，相关联想可以让思考者从宏观上把握事物之间的相互关系，从而做出对自己有利的决策。在这个信息高速传播的社会，各种信息铺天盖地地袭击我们的眼球，也许看似两个毫无关联的信息之间会具有某种相关性。如果你能把握信息之间的关系，并利用其中有用的部分，也许就能得到新的创意。

第 十 节

飞越联想

    飞越联想也叫作自由联想，是指不受任何限制的联想，它要求思考者展开充分的想象，把两个或多个看似毫不相关的事物联系起来，从事物内部找到解决问题的方法。善于运用飞越联想的人就能体会到这样做的价值。比如，你能把绷带与输油管联系起来吗？

    日本的一支南极探险队在基地遇到了一个难题，他们需要把基地的汽油输送到探险船上，但是输油管的长度不够。面对这个问题，大家一筹莫展。这时，队长西崛荣三郎有了主意。首先，他想到可以把长方体的冰块做成管子。在南极找到适合做管子的冰块并不难，但是如何才能穿透一个很长的冰块又不至于使它破裂呢？西崛荣三郎继续发挥联想，把医疗用的绷带缠在铁管子上，然后在绷带上浇水，等水结成冰之后，再把铁管抽出来，这样就可以做成一个冰管子了。

    西崛荣三郎发挥了丰富的想象力，借助南极的冰，把绷带和输油管联系了起来，解决了问题。

    飞越联想就是让我们超越常规的限制，解放思维，最大限度地开发思维空间。如果你允许自己的思维进行大胆的想象，也许能发现一些别人发现不了的东西。

    20 世纪 50 年代，苏联的绘画艺术兴起，很多青年都投身于绘画事业。那时一位叫普法利的学生放弃了自己所学的地质工程专业，决定学习油画艺术。为了增加见识、开阔眼界他经常参观各种油画展。在参观一个油画展时，他被一幅风景画深深吸引住了，画面是一片光秃秃的山峦，整个画面透出荒凉、神秘、诡谲的气氛。普法利觉得这幅画似乎隐藏了什么，他联想到画中的气氛可能与某种矿物质有关，但是沉思良久也想不出所以然来。

他想找那幅画的作者帮他解开谜团，不幸的是那位画家在不久前去世了。几经周折，他找到了画家的遗孀，从她那里借到了画家的创作日记。根据日记中的描述，他找到了那幅画反映的实际地点，那是西伯利亚的一个人迹罕至的地方。在寸草不生的山边，他发现了一个奇特的小湖，湖水发出银色的光芒。走近一看，那根本不是湖，而是一个天然水银矿，静止的"湖水"全都是水银。他恍然大悟，原来画面中的荒凉神秘气氛是由水银造成的，由于有这么多的水银，草木根本无法生长。

普法利竟然从一幅画中发现了一个水银矿，他正是结合自己的专业知识发挥了飞越联想。为什么他能够看到那幅画的与众不同之处呢？因为他有地质工程方面的专业知识。这个案例告诉我们，要想具有出色的联想能力，必须丰富自己的知识。只有具备足够多的知识，我们的思维才能四通八达地展开自由联想。

飞越联想并不是胡猜乱想，要想让自己的"白日梦"变得有价值，就要在想象的过程中注意逻辑的必然性。著名作家凡尔纳被誉为科幻小说之父，他有着不同寻常的联想能力。在现实中还没有出现潜水艇、雷达、导弹、直升机等事物的时候，他就通过想象在自己的科幻小说中描述了这些东西。

运用飞越联想，我们可以通过一些看似与我们无关的现象，了解到与我们密切相关的事实真相。

第一次世界大战期间，德国著名的女间谍玛塔·哈里奉命接近法军最高统帅部的重要官员莫尔根，并窃取他保管的英国 19 型坦克设计图。莫尔根是一个丧偶多年的老头，玛塔很快就赢得了莫尔根的爱慕。在完成任务期限的最后一个晚上，她用安眠药使莫尔根熟睡，然后展开了行动。终于她在一幅油画后面发现了一个保险柜，可是她不知道密码。她试拨了几个号码之后，发现自己不能用这种笨方法。

莫尔根的记忆力已经衰退了，他一定会在某个地方留下记号，让自己能记起六位数的密码。玛塔开始在房间里搜索与数字有关的任何东西，最后她的目光停留在一个挂钟上。挂钟已经不走了，指针停留在 9 点 35 分 15 秒。93515，只有 5 个数字。当她要寻找别的线索的时候，脑袋里灵光一闪，9 点不也是 21 点吗？这样就有 6 位数了。213515，她兴奋地拨了这个号码。果然，保险柜打开了。她取出图纸，按时完成了任务。

创造力与想象力密不可分，超凡的想象力往往能开创出一片新的天地。飞越联想就是让我们尽可能地发挥想象，把不相关的事物联系起来，从中引发新的设想。

环球航空公司请建筑大师伊罗·萨里在纽约肯尼迪机场建造一座风格独特的建筑。伊罗·萨里构思了很长一段时间，也没想到满意的方案。有一天，他正准备吃早餐，突然看到桌子上的一个柚子。柚子的外形引起了他的兴趣，他拿起柚子左看右看，柚子的形状真的很美，做一个这样的建筑怎么样呢？想到这里，他连饭都没顾上吃，拿着柚子走进了设计室，尽情发挥想象，把他在柚子上看到的美体现在建筑上。当这座建筑竣工的时候，他赢得了广泛的赞誉。那是一座完全流体的式样，让人想到鸟的飞翔。

想象力是创造的源泉，大胆的想象和联想也许会得出一些荒唐的设想，但是从长远来看训练想象和联想，对提高思维能力是有帮助的。

第九章

类比思考法

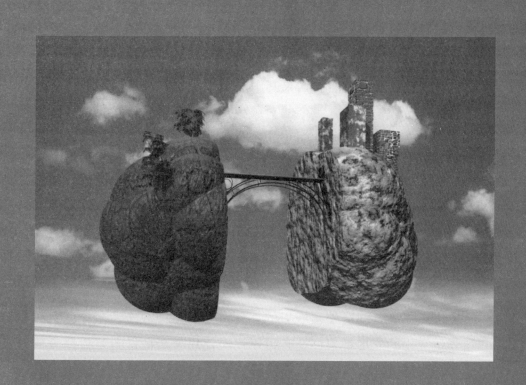

类比法的运用

　　类比思考法是指把两个或两类事物进行比较，并进行逻辑推理，找出两者之间的相似点和不同点，然后运用同中求异或异中求同的思维方法进行发明和创造。

　　类比思考法可以分为直接类比、间接类比、幻想类比、因果类比、仿生类比和综摄类比。在以后的章节中我们将逐一介绍。

　　类比思考法的意义就是在比较中进行创新，具体表现在两个方面：

　　第一，发现未知属性，如果其中的一个对象具有某种属性，那么就可以推测另外一个与之类似的对象也具有这种属性。比如，橘子和橙子在外观上很相似，已知橘子的味道是酸酸甜甜的，由此可以推断橙子的味道也是酸酸甜甜的。

　　第二，把一个事物的某种属性应用在与之类似的另一事物上，可以带来新的功能。如果其中一个对象的属性能带来某种功能，那么如果我们赋予另一个对象同样的属性，就能得到类似的功能。比如，茅草的锯齿状叶片能够划破手指，把铁片做出锯齿状的边就发明了锯子，可以锯断大树。

　　类比思考法是创造学领域里的一种重要的思考方法，在日常生活和科学研究中的应用都很广泛。可以说类比思考法把世间万物都囊括在了思考范围之内,因而能大大拓展我们的视野,有利于开拓新的思路。很多重大的发现和发明都是通过类比思考法得到的。

　　地质学家李四光经过长期考察,发现我国东北松辽平原的地质结构和中东的地质结构很相似。中东地区盛产石油,那么松辽平原是不是也蕴藏着大量石油呢? 李四光运用类比思考法推断这是很可能的。经过一番勘探,最终发现了大庆油田。

　　需要注意的是,进行类比的两个事物之间应该具有较多的共同属性,已知的共同属性与我们推断的属性之间应该有密切的联系。这样才能保证推断的结论具有较高的可靠性。

　　农民雷安军是栽培大棚蔬菜的能手。有一天他给塑料大棚培土的时候,看到快要拉秧的西红柿冒出了几个小腋芽。由此他联想到青椒老了以后,去掉老枝叶,还能发芽开花结果,这种栽培方法叫作残株再植。西红柿和青椒都属于茄科植物,是不是西红柿也可以残株栽植呢? 他试着把西红柿的老枝叶剪掉,然后悉心照料,及时浇水施肥。一个星期之后,果然长出了新枝叶,又过了些时候就开花结果了。这种方法使西红柿的生产期延长了两个多月,大大提高了产量。残株栽植带来的成果大约占到总产量的1/5。

　　雷安军运用了类比法,把西红柿和青椒联系起来,发现适用于青椒的原理同样适用于西红柿。类比思考法给他带来了丰厚的回报。如果雷安军把残株栽植的原理应用在黄瓜上,可能就不会产生什么效果了。虽然都是蔬菜,但是黄瓜属于葫芦科,青椒属于茄科,不具备太多的可比性。

　　运用类比法进行思考要求我们从事物的对比中找到相似点和不同点,这就要掌握同种求异和异中求同的思维方法。

1. 同中求异

同中求异就是找到两个类似事物之间的区别,利用不同点进行发明创造。不同点可以给大脑带来新的思考角度,需要我们运用新的知识进行分析和观察，以摆脱传统思维模式的束缚，在思考对象中寻找新的属性和功能。

2. 异中求同

异中求同就是在不同的事物之间找到共同之处，利用相似点进行发明创造。我们把熟悉的某种事物的属性或功能应用在陌生的具有共同之处的事物上，会使陌生的问题变得更容易处理。

虽然太阳每天东升西落是我们再熟悉不过的事实，但是直到 20 世纪 30 年代人们才弄明白太阳为什么会持续不断地发光发热。

大概 100 年前，科学家们根据能量守恒与转化定律提出，太阳中的分子在引力的作用下向中心坍缩，在坍缩过程中分子的动能转化为光和热。但是经过计算之后，人们发现这种假设并不成立，如果是因为分子运动释放热量，太阳只能发光发热几亿年，事实上太阳已经存在了几十亿年了。

20 世纪 30 年代，随着对原子核认识的加深，人们发现很轻的原子核在极高的温度下互相靠近的时候会发生聚变，形成新的原子核并释放出巨大的能量。美国物理学家贝特把核聚变的现象与太阳发光发热的现象进行类比，找到了太阳能够持久发光发热的原因：在太阳内部高达 2000 万度的高温下，氢原子聚变为氦原子，在聚变过程中释放出巨大的能量。根据核聚变的原理计算出的太阳能量释放值与观测到的数值一致。

熟练掌握类比思考法之后，你就能完善对事物的认识，从看似不相关的事物中找到各种隐蔽的关系，然后利用这些关系展开设想进行推理，从中找到解决问题的新方法。

直接类比

　　直接类比就是在自然界或社会现象中寻找与思考对象类似的事物，在原型和已知成果的激发下产生灵感，找到解决问题的新方法。

　　这种类比法主要是把事物中显而易见的外在结构作为思考点，比如在荷叶结构的启发下发明雨伞。

　　传说雨伞是木匠的祖师鲁班发明的。鲁班曾在路边建造了很多亭子，方便过路人在亭子里休息，雨天的时候可以避雨，晴天的时候可以遮阳。有一次，他在雨天遇到一个急着赶路的人。那人怕耽误时间，只在亭子里待了一会儿就又冒雨前行了。鲁班心想，如果有一种能够随身携带的亭子就好了。

　　有一天，鲁班看到一群孩子在水边玩耍，每人头上戴着一片荷叶。他想到荷叶既能遮阳又能挡雨，不就是一个移动的亭子吗？回家之后，他先用竹子做了一个支架，然后在顶上蒙上了一块羊皮，模仿荷叶的结构制作了一把伞。后来，为了方便携带，他又发明了能开能合的伞。

　　直接类比在科学研究、工程设计等方面的应用很广。运用直接类比，你可以尝试把自然界中或社会中的各种现象和原理为我所用，让它们在你的研究领域内发挥作用。

　　19世纪20年代，英国要在泰晤士河下面修建地下隧道。传统的地下施工方法是"支护施工法"，这种方法施工进度非常慢，而且经常遇到塌方事故。工程师布鲁内尔为解决如何更好地在地下施工的问题大伤脑筋。

有一天，布鲁内尔无意中看到一只至木虫在挖橡树，它先用嘴挖出树屑，然后将自身的硬壳挺进去再继续深挖前进。他突然想到，这和挖隧道不是一样的道理吗？如果先将一个空心钢柱体打入松软岩层中，然后在这个"构盾"的保护下进行施工，不就安全多了吗？他把这个设想付诸实践，于是就有了世界上著名的"构盾施工法"。

此外，医疗设备听诊器也是借助直接类比发明的。

19 世纪的某一天，一位贵族小姐来找雷内克医生看病，只见她面容憔悴，手捂胸口，好像病得不轻。听她讲述完症状之后，雷内克认为她可能得了心脏病。但是要想确诊，还得听心肺的声音。那时的做法是隔一条毛巾把耳朵贴在病人的胸廓上进行诊断，但这种方法显然不适合用在贵族小姐身上。

雷内克心想能不能用别的办法呢？他想到前些天在街上看到的一件事：几个孩子在木料堆上玩，一个孩子用铁片敲打木料的一端，让另一个孩子在另一端听有趣的声音，雷内克一时兴起，也听了听。想到这里他灵机一动，马上找来一张厚纸，将纸紧紧地卷成一个圆筒，一头按在小姐心脏的部位，另一头贴在自己的耳朵上。果然，小姐心脏跳动的声音连其中轻微的杂音都被他听得一清二楚。他高兴极了，告诉小姐的病情已经确诊，并且一会儿可以开好药方。

随后，他请人制作了一个中空的木管，长 30 厘米，口径 0.5 厘米，这就是世界上第一个听诊器。

你能用一只手把鸡蛋捏碎吗？也许你想象不到，薄薄的蛋壳却能承受很大的力。英国消防队员为了试验鸡蛋的受力，曾把一辆消防车停在草地上，伸直救火梯子，消防队员从离地 21 米高的救火梯顶端向草地扔下 10 个鸡蛋，出乎意料的是只破了 3 个。有人做试验发现当鸡蛋均匀受力时，可以承受 34.1 千克的力。鸡蛋具有如此大的承受力，是与它特有的蛋形曲线和科学的结构分不开的。一个鸡蛋长为 4 厘米，而蛋壳厚度只有 0.38 毫米，厚度与长度之比为 1 ： 130。

奇妙的蛋壳引起了建筑学家的关注，它以最少的材料营造出最大的空间，而且能承受强大的外界冲击力。建筑学上把这种具有曲线的外形、厚度很小、能承受很大的外界压力的结构叫薄壳结构。直到 1924 年，德国的半圆球形的蔡斯工厂天文馆才真正采用了薄壳结构。之前，人们并不敢把屋顶建得太薄。1925 年德国耶拿斯切夫玻璃厂厂房采用了球形薄壳，直径为 40 米，壳的厚度只有 60 毫米，采用钢筋混凝土为建筑材料，厚度与跨度之比为 1 ： 667。建筑师运用直接类比的方法把这种结构应用在建筑上，现在像鸡蛋那样的建筑已经很普遍了。

直接类比需要我们具备很好的观察能力，大自然处处向我们显示了神奇，但是这需要我们去发现。一双善于发现的眼睛可以帮我们找到自然界和生活中对我们有用的属性，然后应用于更广泛的领域中，从而给我们带来更大的价值。

开动你的脑筋

你知道还有什么东西是人们运用直接类比发明的吗？将你所知道的写下来。

1. _____

_____

2. _____

_____

3. _____

_____

间接类比

间接类比是指把不同类的事物放在一起进行比较的创新方法。当我们寻找解决问题的方法时，如果找不到同类事物进行对比，这时就可以运用间接类比。间接类比虽然不像直接类比那样应用广泛，但是它可以扩大类比范围，使更多的事物进入我们的思考领域。这样可以帮助我们开拓思路，产生新的创造活力。

空气中的负离子有很好的医疗作用，可以消除疲劳、延年益寿，对治疗哮喘、高血压、心血管病也有很好的辅助作用。但是自然界中的负离子只在高山、森林、海滩、湖畔处较多，人们只能在度假的时候才能享受。为了让人们在日常生活中也能享受负离子的功用，科研人员运用间接类比的方法研制出用水冲击的方法产生负离子，后来又发明了电子冲击法。市场上销售的负离子发生器就是运用的这个原理。

从这个案例中我们可以看出间接类比的特点，即我们希望得到某种有益的属性，但是又不可能全盘模仿，只能通过另一个途径达到这个目的。

此外，间接类比还表现为同一原理在不同领域的应用。比如，瑞士科学家阿·皮卡尔运用间接类比法发明了世界上第一个能够自由游动的潜水器。

阿·皮卡德本来是研究大气平流层的专家，他设计的平流层气球曾飞到 15690 米的高空。后来，他想到大气和水都是流体，大气的原理应该也能适用与海水。于是他想用平流层气球的原理改进深潜器。那时的深潜器既不能自由行动也不能自行浮出水面，必须依靠钢缆吊入水中，这样就使它的活动范围大大地受到限制，最深只能达到水下 2000 米。

平流层气球的原理很简单，在气球中充满比空气轻的气体，利用气球的浮力使吊在下面的载人舱升上高空。皮卡尔想到，如果在深潜器上加一个浮筒，不就可以像气球一样自行上浮了吗？他设计一个船形的浮筒，里面充满密度比海水轻的汽油，为深潜器提供浮力。同时他还设计了一个钢制潜水球，在里面放入铁砂作为压舱物，使深潜器沉入海底。这样就不需要借助钢缆了，潜水器可以在任何深度的海洋中自由游动。后来，他设计了一艘"的里斯特号"潜水器，能够潜到世界上最深的洋底。

世界上很多道理都是相通的，某一领域的经典原理同样适用于另一个领域。运用间接类比我们可以打开思路，从一个崭新的角度看待我们熟悉的问题，从而获得解决问题的新方法。比如物理学中的惯性原理运用在乐器演奏中，可以更加自如地运气，使口腔和手指的动作更加轻松流畅，演奏出更加精彩的乐曲。

阿基米德曾说："如果给我一个支点，我就可以撬动地球。"这是物理学上非常简单的杠杆原理。运用间接类比，我们可以把这个原理应用在企业管理中责任、权限和利益的关系中。企业管理的成败主要取决于责任、权限和利益三者是否平衡。管理的过程就是透过责任人驾驭生产力要素来实现预定的生产目标。当我们准备把一项任务交给某人做的时候，首先要考虑他是否能够承担相应的责任，这个责任类似于杠杆的支点，责任越重大，支点离施力点越远，就越不容易撬起来。其次要考虑利益与权力的匹配关系，假定权力不变，就保证了支点到受力点的距离不变，那么利益越大，撬起来越容易。因此在一般情况下，企业中薪水越高的人承担的责任越大，他们的办事效率也是较高的。

随着时间的推移，人们逐渐发现各个领域中很多经过实践检验的、具有永恒价值的原理并不仅仅在已知的领域内发挥作用。间接类比思考法就是让我们把不同领域内的事物进行比较，从一类事物中抽取出能够对两类事物都能发挥作用的原理，应用在另一类事物上，给我们带来新的启发和创意。

在进行间接类比训练的时候，你可以随便选取两个不相干的事物，然后把其中一个事物的某个特征应用到另一事物，看看能得到什么结果。当你用间接类比处理问题的时候，应该以思考对象为中心，把自然科学和社会科学中的各种理论与思考对象相匹配，看是不是能从中得到新的解决问题的思路。

运用间接类比的意义在于使某一理论或事物的某一特征在更大的范围内发挥作用。看到事物的某一特征之后，我们要问问自己，这个特征还能在哪些领域应用？还能给我们带来什么好处？

开动你的脑筋

在日常的学习、工作、生活中，你有运用过间接类比解决问题的经历吗？如果有，请写下来。

1. _____

_____

2. _____

_____

3. _____

_____

幻想类比

幻想类比是指把思考对象与超现实的理想、梦幻和完美的事物进行类比，从而得到新颖创意的思考方法。

这种思考法有两条思考路径，一条是用神话故事或科幻小说中的事物与现实中的事物进行类比，对现实中的事物进行改进，赋予它前所未有的特性和功能。

古代的神话故事是当时的人们在与大自然做斗争的过程中不能解决问题时产生的幻想，如今在科学技术日益发达的今天，幻想反而带给人们很多启发意义。

有一个物理学家正在研究如何发明能够扩大电压的变压器。

一次偶然的机会，他看到了传说中雷公的画像，画像中的雷公身穿虎皮、背负大鼓、手持铁锤，形象非常威武庄严。

他看到虎皮的花纹是黄色杂有黑色的条纹，忽然头脑中有了主意："把电线按照虎皮花纹那样排列成一个线圈，而电流通过线圈要产生磁场，磁场又能转化成电能，那么对于强如闪电般的瞬间电流，岂不可产生强大的电阻吗？"

在这个想法的引导下，经过不断研究，他终于发明了变电器。

这位物理学家正是运用了幻想对比找到了解决问题的突破口。

另一条是从眼前的事物着手进行幻想，创造出新的事物。威廉·戈登就曾经指出："当问题在头脑中出现时，有效的做法是，想象最好的可能事物，即一个有帮助的世界，让最能满意的可能见解来引导最漂亮的可能解法。"

人们想当然地认为文学家、艺术家利用幻想类比是理所当然的，而科学家或工程师则不应让白日梦占据自己的头脑。

相对来说，科学家和工程师确实需要具有更好的逻辑思维能力，但是这并不意味着幻想对他们没有作用。

事实上，科技工作者应当而且必须给予自己幻想的空间和自由才能得到突破性的发明和发现。

威廉·戈登说："他必须恰当地想象关于问题的最好（幻想）解法，而暂时忽视由常规解法的结论所确定的定律。只有以这种方式他才能构造出理想的图像。"

比如，伽利略看到一个孩子在玩放大镜，运用幻想类比他想到是不是可以制作一种可以看到遥远的太空的镜子。1609 年 10 月，他制作了能放大 30 倍的望远镜。伽利略用自制的望远镜观察夜空，第一次发现了月球表面高低不平，覆盖着山脉并有火山口的裂痕。此后又发现了木星的 4 个卫星、太阳黑子的运动，并得出了太阳在转动的结论。

在进行幻想类比思考训练的时候，我们要让大脑尽可能地打开思路发挥想象，不受任何逻辑和常规思路的限制。这对寻找解决问题的方法是非常有益的。

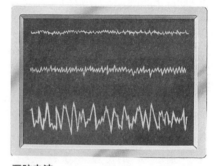

■脑电波

学习过程往往不能缺少思考。当大脑处于活跃状态时，脑部神经细胞的电活动增加，可以显示为上图中的脑电波。当我们学习复杂的内容时，大脑工作繁忙，脑电波迅速而无规律性（顶行）；当脑部工作减弱时，脑电波减慢，开始具有一定规律性（中间行）；在睡眠的某些阶段，脑电波更为缓慢，也更加深（见图中最后一行）。

比如，大家知道由于上游和下游的水位落差很大，船在从上游驶到下游，或从下游驶到上游的时候都很困难。那么，请思考如何使船从上游平稳地行使到下游。

运用幻想类比思考法，首先你要把自己当作无所不能的天神或超人，你具有改造自然的超能力，至少你可以用想象力解决问题。然后，请你运用神奇的幻想寻找可能的解决问题的办法。于是，你发挥自己的超能力，让船从空中漂向下游，或者潜入水底避过激流。显然，这些办法在现实中的可操作性很差，但是我们可以从中抽取一个有价值的原理——避开激流，使船只平稳过渡。

现在我们可以针对这个原理继续发挥想象，怎样使船平稳过渡呢？使上游水位与下游水位持平就可以了，这时我们得到一个主意——让船驶进一个像连通器一样的闸室，两侧用墙将水挡住，底部设有阀门。从上游到下游的船驶入闸室之后，打开下游方向的阀门，水位就会缓缓降低，直到与下游的水位持平。同理，从下游到上游的船进入闸室之后，将上游方向的阀门打开，水位就会上升，直到与上游的水位持平。你会发现运用幻想类比法，很轻松地就把这个问题解决了。

第五节

因果类比

因果类比是指两个事物的各种属性之间可能存在同一种因果关系，我们根据已知的一个事物的因果关系推出另一个事物的因果关系。

比如，泡沫塑料的质量很轻，而且具有良好的隔热、隔音的性能，使它具有这种特性的原因是在合成树脂中加入了发泡剂。有人运用因果类比，由此想到如果在水泥中加入发泡剂是不是也能具有同样的特性呢？经过反复试验，人们最后终于发明了既质轻又隔热、隔音的气泡混凝土。

在这个案例中，我们可以看出因果类比思考法的思考过程。首先，我们从某一事物中看到了某种有价值的特性或功能，然后我们推导出这种特性是怎样发生的，以及如何才能得到这种特性。接着，我们为了使另一类事物也获得这种特性，将已知的因果关系套用在我们关注的事物上。当然，这种思考法只是提出一种创造性的假设，带有一定的预测性，因此，还需要通过试验来印证因果关系在另一类事物上是否成立。

业余天文学家威廉·赫歇尔 1781 年发现了天王星，但是进一步的观测证实天王星的实际运行轨道与预测的轨道存在偏差。1846 年天文学家发现了海王星，但是海王星的存在只能部分解释天王星的实际轨道与预测轨道的差异。19世纪末的天文学家猜测，在海王星的轨道范围之外，还应该有一个比海王星还远的行星，它的引力干扰着天王星的运动。于是人们开始寻找这个位置的行星，到1930年，这颗新的矮行星终于被劳威尔天文台的克莱德·威廉·汤博发现了，命名为冥王星。

天文学家之所以预测到还有一颗未知行星在影响天王星的运行轨道，是因为他们掌握了已知的行星运行规律。按理说应该能够准确地预测行星轨道，既然实际轨道出现了偏差，可能的原因就是受到未知天体的影响。他们把这种因果关系套用在天王星身上，推测出它可能受到另外一颗行星引力的作用，所以运行轨道会出现偏差。

因果对比在科学研究和发明创造中应用很广泛，它可以帮我们找到解决问题的更好的途径。比如用在河蚌体内培植珍珠的原理来培植牛黄，大大提高了牛黄的产量。

牛黄原是一种昂贵的中药，它是牛的胆结石，只能从屠宰场上偶然得到，但产量很小，所以非常珍贵。后来人们利用产生胆结石的原理，把牛、羊、猪的胆汁提取出来研制人工牛黄，但是这种人工牛黄的临床医疗功效很差，医学专家不得不继续寻找新的解决办法。某药品公司的科研人员想到，河蚌经过人为的"插片"植入砂粒，河蚌会分泌出黏液将砂粒包住慢慢形成珍珠，如果把"插片法"应用在牛身上，是不是也能产生牛黄呢？该公司马上进行立项研究，选择失去医用价值的残菜牛做实验，在牛胆囊中置入异物。经过一段时间之后，果然从中培育出了胆结石。这种人工牛黄跟天然牛黄的医疗效果一模一样。

在这个案例中，医疗专家就是运用了因果类比，把胆结石的形成过程与珍珠的形成过程进行了对比，既然用"插片法"可以培植珍珠，那么也应该能够培植牛黄。

只要你肯用心观察，就能发现事物之间类似的因果关系，然后把已知的积极有效的因果关系应用在你所关心的问题上，从而得到解决问题的新方法。

因果类比思考法在日常生活中，在我们追求成功的道路上也有重要的指导意义。市面上有很多介绍成功人士如何取得成功的书籍。把别人的成功的方法应用在自己身上，既然别人用这种方法可以成功，那么自己用这种方法是不是也能成功呢？模仿是一条安全而高效的成功捷径。你参照成功者的做法，借鉴使他们获得成功的经验，不用花费像他们那样多的时间和精力，就可以获得像他们那样的成就。

成功学大师安东尼·罗宾曾说："如果你想成功，你只要能找出一种方式去模仿那些成功者，便能如愿。"他曾与美国陆军签订协议，帮助陆军进行射击训练。他找来几名神射手，并找出他们成为神射手的原因所在，建立正确的射击要领。然后用射击高手的经验对新手进行一天半的课程训练。课后进行测试，所有人都及格，而列为优秀等级的人数竟是以往平均达到人数的 3 倍多。

在训练因果对比的过程中，我们要善于分析一些积极的效果是怎样产生的，这是一个由果溯因的过程，然后思考在哪些事物中也具备类似的因果关系，赋予该事物类似的原因，看看是否能得出积极的、对我们有用的结果。这种方法还可以帮助我们通过简单的常见的事物的因果关系来理解复杂事物的因果关系。

比如，在一节物理课上，老师用水流和电流进行对比，很容易地让学生理解了电流产生的条件。水流动的条件，首先要有水，其次要有落差，在地球引力作用下向下流动。与此类似，要想产生电流，首先要有自由电荷，然后自由电荷在电场中，受电场力的作用才能"流动"，电荷之所以会定向流动。跟水流的原因类似，是因为有电势差（电压）的原因。

第 六 节

仿生类比

　　我们不再对周围的生命感到惊讶了，觉得一切都那么理所当然。但是，鸽子、猎豹、蜜蜂、苍蝇、毛毛虫……它们真的像我们想象的那么简单吗？为什么鸟儿的身体具有如此完美的曲线？为什么蜘蛛能编织出经纬度恰到好处的网？为什么蝙蝠能在夜间自由飞翔？

　　这些神奇的生物引起了科学家的兴趣。在 20 世纪 60 年代出现了仿生学这门科学，这是专门研究如何在工程上应用生物功能的学科。仿生类比思考法就是对仿生学的应用，旨在把生物的结构和功能应用在机械设计、工程原理等方面，从而产生新的功能和技术，创造出新的发明。比如，雷达是以蝙蝠为原型发明的。此外，人们还以人类的手臂为原型制作了机械手，以蜻蜓的翅膀为原型开发出了一种超轻的高强度材料……

　　一些我们平日里毫不在意的小生物，也许能给我们带来重大的启发。

　　苍蝇是细菌的传播者，是人类最深恶痛绝的害虫之一。但是我们应用形象思考之后，可以把苍蝇身体的独特的结构和功能应用起来。苍蝇的楫翅是"天然导航仪"，人们模仿它制成了"振动陀螺仪"。这种仪器安装在火箭和高速飞机上，可以实现自动驾驶。苍蝇的眼睛是一种"复眼"，由 3 000 多只小眼组成，人们模仿复眼制成了由上千块小透镜组成的"蝇眼透镜"。蝇眼透镜作为一种新型的光学元件，在很多领域都有价值。比如用"蝇眼透镜"做镜头可以制成"蝇眼照相机"，一次就能照出千百张相同的相片。这种照相机已经用于印刷制版和大量复制电子计算机的微小电路等方面，大大提高了工作效率。

其实人类很早就向动物学习了，比如向鸟学习筑巢，向青蛙学习游泳。但是直到 20 世纪 60 年代，人们才开始有意识地研究生物的构造、行为和习性，把其中的自然原理利用起来。

在进行仿生类比思维训练的时候，我们可以从生物的构造、行为和习性三方面着手来发现生物中对我们有价值的地方：以生物的构造为出发点进行类比思考，人们模仿蜂巢结构建造的墙壁，大大减轻了建筑物的自重；以生物的行为出发点进行类比思考，医学专家通过研究袋鼠的育儿行为，研制出模仿袋鼠育儿袋的装置，拯救了很多早产的婴儿；以生物的习性为出发点进行类比思考，英国的一位人类学家从猩猩每天要吃的阿斯辟里亚灌木的树叶中提炼出高效杀菌剂。

此外，根据萤火虫发明日光灯也是对仿生类比思考法的一次典型的运用。

在众多的发光动物中，萤火虫发出冷光（发出的光不产生热）不仅具有很高的发光效率，而且发出的冷光一般都很柔和，很适合人类的眼睛，光的强度也比较高。科学家研究发现，萤火虫的发光器位于腹部，由发光层、透明层和反射层 3 部分组成。发光层拥有几千个发光细胞，细胞中含有荧光素和荧光酶两种物质。在荧光酶的作用下，荧光素与细胞内的水分和氧气化合便发出荧光。萤火虫之所以能发光，实质上是它把化学能转变成了光能。随后，人们根据对萤火虫的研究发明了日光灯，其发光原理是通电后灯丝发热，使灯管中的水银蒸发成气体释放出大量电子，电子的高速撞击产生紫外线，紫外线作用于灯管内壁的荧光粉则会发出自然而柔和的灯光。

尽管人类自称为万物之灵，使自然界发生了翻天覆地的变化，制造了很多巧夺天工的物品，但是在大自然面前我们不得不承认，生物具有的功能比迄今人类制造的任何一种机械都要完美。因此人们为了提高各种仪器、装置和机械的性能不得不向生物学习。

仿生学也是与控制论有密切关系的一门学科，而控制论主要是将生命现象和机械原理加以比较，进行研究和解释的一门学科。生物体的结构与功能在机械设计方面给了人类很大启发，把两者进行类比，我们可以得到改进机械设计的新思路。我们可以把生物的感觉功能与信息接收系统进行类比，把生物的神经功能与信息传递系统进行类比，把生物的造型与机械的结构进行类比等等。比如，将海豚的体形或皮肤结构应用到潜水艇的设计原理上，可以使潜水艇在水底行驶的时候避免产生紊流。

仿生学问世的时间虽然不长，但是已经带给人类客观的研究成果，大大开阔了人类的思维广度。把生物的功能与机械设计和工程原理进行类比，为我们开辟了独特的技术发展的道路。

开动
你的脑筋

除了本书所介绍的人们运用仿生类比所进行的发明创造外，你还知道什么物品是对仿生类比的运用吗？请写下来。

1. _____

_____

2. _____

_____

3. _____

_____

综摄类比

综摄类比是由美国麻省理工学院的教授威廉·戈登于1944年提出的利用外物启发思考的思维方法。戈登发现很多创新发明不是来源于缜密的判断推理等逻辑思考，而是受到日常生活中各种外部事物的启发而产生的。这些外部事物包括花鸟鱼虫等自然现象，吃穿住行等社会现象以及神话传说等幻想中的事物，范围非常广泛。综摄类比就是以这些外部事物或已有的成果为媒介，通过"异质同化"和"同质异化"两大原则进行思考，利用其激发出来的灵感进行创造发明或解决问题的方法。

"异质同化"是指把陌生的事物转化为熟悉的事物。这样在遇到陌生的问题时，就能迅速接受它，并使它变得容易处理。"同质异化"是指把熟悉的事物当成完全陌生的事物。这样可以让我们从一个新的角度或运用新的知识进行分析和观察，以摆脱固有思维模式的束缚，产生出新的设想。

两大思考原则体现在两个思维阶段中：了解问题阶段和解决问题阶段。在了解问题阶段我们需要运用"异质同化"的思考原则，即变陌生为熟悉；在解决问题的阶段我们需要运用"同质异化"的思考原则，即变熟悉为陌生。两个思维阶段确实有不同的思维特点，在创造性过程中发挥着不同的作用。

在了解问题阶段主要用分析的方法，全面地认识问题，并把握问题的主要方面和各个细节。人们本能地排斥任何陌生的东西，只有把陌生的事物与熟悉的事物联系起来，加深对陌生事物的了解，才能把它纳入可以接受的思维模式中。需要注意的是，虽然尽可能多地掌握它的细节和信息是有益的，但是如果过分沉湎于问题细节的分析，就会舍本逐末，贻误发明创造。了解问题的目的只在于明确思考对象，确定发明课题。

在解决问题阶段要求我们用全新的视角看待问题，跳出常规的思维模式，摆脱习惯的束缚，把习以为常的事物当作陌生的东西。把自己想象成一个刚刚来到地球的外星人，你看到的一切都是新鲜的、陌生的。在这个阶段,思考者可以选择世间万物作为解决问题的类比对象，威廉·戈登给我们指出了训练这种思考方法的 3 种类比技巧：

1. 亲身类比

这种方法是让我们把自己想象成思考对象，简单的引导形式是"如果我是它，那么……"体验如果自己变成该事物会有什么感受。这种类比是用来解决技术问题的，比如，把自己想象成一种机械，如果你想让自己的关节更灵活更轻松，你就会想到应该加一点润滑油……这种类比需要我们投入到一种角色中去，把思考对象的问题当作"自身"的问题进行思考，利用人类的感情来体验和洞察技术领域里的抽象的问题。这种类比对于打破常规,把熟悉的事物变为陌生的事物非常有效。

2. 比喻类比

比喻类比的应用范围很广泛，可以把不同类的事物联系起来。例如我们说 A 像 B,那么不仅 A 获得了 B 的属性,而且 B 也获得了 A 的属性。青年像八九点钟的太阳一样朝气蓬勃，八九点钟的太阳也像青年一样富有活力。两者之间确实有一些相似之处，但是不可否认它们之间还有很多不同的地方。这些不同可以产生张力，有助于把熟悉的事物变为陌生的事物，使大脑产生新的联想和想象，找到解决问题的灵感。

比喻类比的激发点主要体现在直观的外部结构和功能方面。很多发明创造都是通过这种方法获得的，比如人们通过模拟蝙蝠发明了雷达，通过模拟船的舵柄发明了左轮手枪等等。前面提到的直接类比、间接类比和仿生类比都可以通过这种方式进行训练。

3. 象征类比

运用这种方法我们可以在古代传说、小说、科幻作品、童话、寓言中寻找与思考对象类似的事物。激发点体现在事物的内部逻辑关系方面，比如电脑是对人脑的模拟。运用这种训练方法的时候，我们可以这样问自己："如果问题出现在小说或童话世界里，会变成什么样子呢？"以此在幻想的情景中寻找解决问题的方法。

综摄法作为一种思考工具，以讨论小组的形式来应用更有效果。各种不同知识背景的有创造潜力的人员组织在一起，通过互相启发、互相补充的讨论，能够激发出更多、更奇妙的创造性设想。要想发挥综摄类比思考法的长处，讨论小组的成员需要具备较强的创新思维能力和敢于冒险的精神，此外还要有强烈的好奇心，最好还要有擅长比喻的能力。讨论小组还需要一名具有组织能力的主持人，负责把握会议方向，引导成员得出解决问题的方法，总结会议成果。

综摄类比法的操作步骤如下：

1. 明确问题：对思考对象和思考目标进行陈述，问题可以由外部提供，也可以由思考者自己确定。

2. 分析问题：对给定的问题进行解释，使陌生的问题变为熟悉的问题。把握问题的主要方面和枝节问题，确定思考方向。从不同角度深入理解问题，摆脱已知定律和常规思维的束缚，找到影响问题的根本所在。

3. 引导问题：运用亲身类比、比喻类比、象征类比这三种类比技巧引出解决问题的新思路。

4. 解决问题：是指把通过亲身类比、比喻类比和象征类比所得到的想法与思考的目标结合起来，形成新颖的、有效地解决问题的方法。通过对类比事例的分析得出理论上的抽象结果，然后从这个抽象结果中得出解决问题的具体方案。

附录："开动你的脑筋"答案

第 8 页答案

解决方法如下：首先，带一只鸡到河对岸，放下后返回。接下来，带粮食到河对岸，同时将那只鸡带回。然后放下鸡，把猫带到河对岸，和粮食放在一起。最后再回去把鸡带到对岸。

第 11 页答案

我们画一个简单的曲线图来进行说明。红线表示和尚上山的路线——一天中随着行走路线海拔逐渐增高；绿线表示和尚第二天下山时沿着行走路线的海拔高度——他从山顶出发，随着时间的推移而逐渐下山。

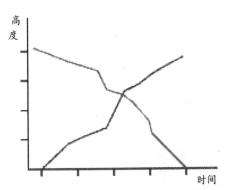

如果和尚问题用图表的方式来表达，我们很显然可以知道，在山上一定有这样一个点，和尚在两天的同一时刻都经过这个点。

第 18 页答案

3 只。

第 30 页答案

B

第 35 页答案

第 1 组齿轮中的两个水桶都会下降；第 2 组齿轮的最后 1 个齿轮逆时针转动。

第 39 页答案

1.那个人是个孕妇；2.罪犯自首了；3.他在刷假牙。

第 73 页答案

第 80 页答案

他在倒车。

第 92 页答案

将 5 枚邮票摆成"十字"，然后在最中间再放 1 枚邮票。

第 95 页答案

1.把瓶子打碎；2.在瓶塞上钻孔；3.把瓶塞推到瓶子里。

第 100 页答案

托兹骑着自己的马到了农场，这样总数就成了 18 匹。然后，他分给了约翰 9 匹马（18 的一半），分给了詹姆士 6 匹马

（18 的 1/3），分给了威廉 2 匹马（18 的
1/9）。最后，托兹骑着自己的马高高兴兴
地回家了。

第 105 页答案
A

第 113 页答案
1. 他是外国人；2. 半小时；3. R 是母鸡；
4. "错"字；5. 理发师。

第 119 页答案
离门口最近的一幅画。在失火的情况下，
卢浮宫到处是浓烟，此时是很难找到最昂贵
的、最有价值的、自己喜欢的画，也许在寻
找的过程中自己早已葬身火海了。所以，抢
救离门口最近的一幅画是最可行的。

第 176 页答案
1. 山羊；2. 豆芽菜；3. 玉米、高粱、
谷子、芝麻。

第 189 页答案
1. 两个；2. 锐。